東北

（ほんにょ）」。

2002

アートになったはさかけ、「神聖幾何学シードオブライフ」。
福島県猪苗代町（土屋直史作、柏木智帆撮影）

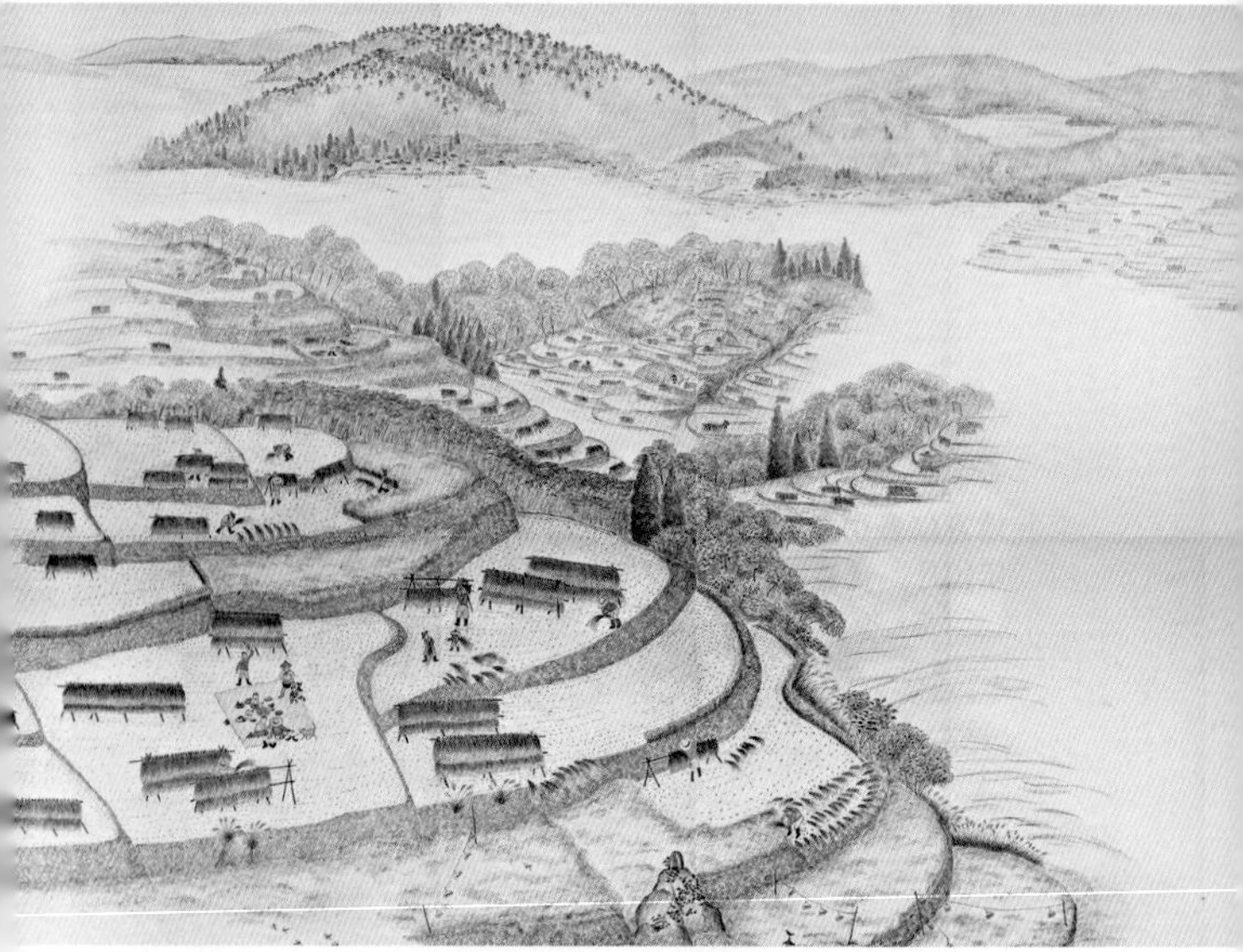

壁画「棚田の四季」より、秋の棚田（細川護煕画。㈱プレナス蔵）

中公新書 2579

佐藤洋一郎著

米の日本史

稲作伝来、軍事物資から和食文化まで

中央公論新社刊

はじめに

米に思いをはせる

「お米はいつも近所のお米屋さんからと決めている。銘柄はあきたこまち。店頭にあるお米はごく一部で、ストック分は冷蔵で管理している。……（中略）……その場で玄米から精米し、しかも三回もふるいにかけて粒をそろえてくれる。粒がそろわないと炊き上がりに差が出るからと。もうすぐ新米がでるので、一キロだと悪いかなと思いつつ、一キロでもいつものように丁寧にパッキングしてくれた」

フリーの編集者である佐藤由起さんのフェイスブックの一部である。佐藤さんはこの記事を「お米を扱う、まさにプロ」という文で締めくくっているが、ここに日本人の米に対するこころが如実に表れている。米不足の時代ならまだしも、米余りのいまでさえ、茶碗《ちゃわん》についたご飯粒を残すだけで親に叱られたという若者も多い。ご飯粒を残すと「目がつぶれる」と言われた経験を持つ人もいる。

米の消費が冷え切ったといわれる現代でさえ、日本人が米に深い思いをはせていることに驚く外国人もいる。イギリスで人気の女性シェフ、レイチェル・アレンも、日本各地を旅し日本食を味わい、さらに日本人と米の深い関係に興味を抱き、ついには新しい米料理に挑んでいる。「和食文化」が、二〇一三年、ユネスコの無形文化遺産に登録された。準備にあたった農林水産省の「日本の伝統的食文化としての和食」という一文には、「一汁三菜」という語が出てくる。この四文字には「米」の字は出てこないが、一汁三菜に欠かせないのは飯、つまりご飯である。汁や三菜の中身は変わろうともご飯は変わることがない。つまり、「和食」とはご飯、つまりは米を中心とした食の体系である。

いっぽうで一人あたりの米の年間消費量は一九六〇年代はじめに一一八キログラムに達したのをピークにその後は減り続け、わずか半世紀後の二〇〇八年には六〇キログラムを割るありさまである。ここまで米離れが進んでいるにもかかわらず、それでもまだ和食といえばご飯という感覚に変わりはない。いったいこれはどういうことなのだろうか。

米に対する日本人の態度──重層的理解のために

一見矛盾したかにみえるこのような日本人の米に対する態度だが、「和食文化」がユネスコの無形文化遺産に登録されてはや七年がたつ。和食とその文化に対する関心は二〇二〇年の東京オリンピック・パラリンピックの開催に向けてますます高まりをみせる。さらに文化庁の京都市への全面移転に向けて、食を含めた生活文化の研究も高まりをみせる。和食の中核をなす米と米食の文化、さらに米の生産を支える稲作と稲作文化の重層的で深い理解が欠かせなくなってきている。本書はそのための一書である。

米食の文化や稲作文化を世界に向けて伝えようとするとき、その歴史的な変遷を重層的、通時的にとらえることが必要である。列島への「異文化」の渡来、その異文化を携えた人びとの渡来は、連続的でありながらときには大規模化し、列島の食文化の変化や、社会全体の変化の転機となった。イネもまた繰り返し日本列島にやってきた。渡来は一度ばかりではなかったのである。そしてそれらはときどきの米食、稲作に大きな影響を与えてきた。考えてみれば、いまのわたしたちの米食文化と稲作文化とはこれまでのあらゆる経緯の積分値のようなものである。「重層的理解」と書いたのはそのことを指している。

本書では、日本における稲作文化と米食文化を、「気配と情念の時代」(第1章)、「自然改造はじまりの時代」(第2章)、「停滞と技術開発が併存した時代」(第3章)、「米食文化開花の時代」(第4章)、「富国強兵を支えた時代」(第5章)、「米が純粋に食料になった時代」(第6章)、と区分して概観することにしたい。

なお、六つの章の時代区分は、現代の歴史学における区分と対応して考えれば、だいたい以下のようになる。「気配と情念の時代」はおおむね弥生時代の前半まで(~前一、二世紀ころまで)、「自然改造はじまりの時代」は弥生時代の後半から古墳時代、飛鳥《あすか》時代まで(一世紀~七世紀ころ)、「停滞と技術開発が併存した時代」は奈良時代から室町時代ころまで(七世紀~一六世紀後半まで)、「米食文化開花の時代」は戦国時代の後半からほぼ江戸時代いっぱい(一六世紀終盤~一九世紀後半)、「富国強兵を支えた時代」は明治時代から第二次大戦敗戦まで、そして最後の「米が純粋に食料になった時代」は戦後からいままでの七五年である。

米や稲作は、最後の時代を除く五つの時代にあっては、時代に応じた何らかの役割を与えられていた。いや、米や稲作に与えられた役割が、その時代そのものであったといってよい。つまり、米は「食糧」つまり「糧《かて》」であり、稲作とは糧を支えるなりわいであった。そして重要なことは、これら五つのどの時代にあっても、米を食べたいとの願望は一般庶民にとって切なる願望であり続けたことだろう。その意味で、日本人は渡部忠世《わたべただよ》(1)がいう「米食悲願の民族」であったといってよい。むろん、「米食文化開花の時代」の都市民たちをはじめ、いくつかの例外はあった。しかし、社会を構成する多くの人びとが、米、それも白い米を腹いっぱい食べたいとの願望を持っていたという意味で、「米食悲願の民族」という言い方は正鵠《せいこく》を得ているといってよいであろう。そして最後の時代に入り、米はそうした役割をすべて失った。つまり、それまで「食糧」としての性格を色濃く帯びていた米は、このときはじめて、純粋に食べ物（「食料」）になった。それはまた、米と稲作とが分断された時代といってよい。

繰り返すが、本書の狙いはあくまで米食とは何であり、稲作とは何であり、何であったかを考えることにある。いってみればこの六つの時代の稲作と米を描いたアクリル板を重ねて上からみたらどうみえるか。それを描き出すのが本書の狙いである。歴史分析に重きをおくならば、そのアクリル板を横に並べ、起きたできごとを時系列で理解すべきだろうが、――そしてそのことはもちろん必要だが――重ねたアクリル板を上からみることに重きをおいた。そのぶん後先の関係がみえにくくなったところもあるが、その点はご容赦いただきたい。

目次

第5章　米、みたび軍事物資になる——富国強兵を支えた時代——205

第6章　米と稲作、行き場をなくす——米が純粋に食料になった時代——241

第1章　稲作がやってきた――気配と情念の時代

日本文化の、もっとも広くもっとも古い基層を形づくる時期である。精神性の面からはこの文化はいまの語では「気配」「情念」などで言い表すことができるであろう。ただしこれを縄文文化というかつての語で置き換えることは必ずしも適当ではない。稲作、米食という語を用いて表現するなら、この時代は水田稲作と米食が渡来し、ゆるやかに社会に浸透していった時代と表現することができよう。

イネ、来たりて根を下ろす

日本の稲作のはじまり

日本列島に人が住むようになっておそらく三万年ほどの時代がたつ。一万数千年前には土器が作られるようになる。欧州の考古学では、土器のはじまりは新石器時代幕開けを告げる画期と考えられているが、日本列島でも土器のはじまりは縄文時代の幕開けを告げるひとつのできごとであった。

人類の社会が本格的な土器時代を迎えたということは、集団の定着性が高まったことを意味する。重く大きな土器をたくさん持っていては移動性の高い生活はできないからである。何十人かの人の集団が一つ所に住むようになると、周囲の生態系にはいわゆる攪乱《かくらん》が加わる。日々大量の燃料が、煮炊きに、明かり取りに、そして暖房に要る。周囲の食料資源は次第に枯渇し、遠出しなければ食料が手に入りにくくなる。とくに、多くの動物たちは人の集落近くには寄りつかず、離れた土地で暮らすようになる。集落近くには、人になじむ動物だけが棲《す》むようになる。人為生態系の登場である。

攪乱が頻繁に起きるようになると、森林は次第に姿を消して草の仲間（草本《そうほん》）がその土地の主人公になってゆく。草本は寿命が短く、多くの種《しゅ》はある季節が来ると花を咲かせて種子をつけるので、環境の変化にも種としてついてゆけるからである。草本のなかでも、花を咲かせれば個体の寿命が尽きる一年草は、生育の期間内に蓄えたエネルギーの半分程度を種子生産に使う。種子に蓄えられたエネルギーは、人間にとって魅力ある存在である。もちろん、木本《もくほん》のなかにも高い種子生産性を持つ植物種はある。堅果類（ドングリなどの仲間）はその代表で、これらは農耕以前から人びとの主たるエネルギー源のひとつだった。そのため、定住が進み、攪乱が続けば、草本や種子繁殖力を持つ木本が優位を占める環境が出来上がる。農耕は、こうした環境に持ち込まれたのだろう。サイエンス・ライターのコリン・タッジ[1]は、農耕のはじまりという事象を、こうした周囲の生態系の変化に始まる長いプロセスだと考えた。これに従えば、日本列島でも農耕のはじまりは大きな定住集落が現れる縄文時代の中期ころまでさかのぼる可能性は十分ある。

日本列島にやってきた最初のイネは、おそらくは、ほかの草本とともに持ち込まれたものだったのだろう。当然、水田のようなしかけはなかった。定住集落のまわりのちょっとした湿地のような環境を想定するのがよいのではないかと思われる。

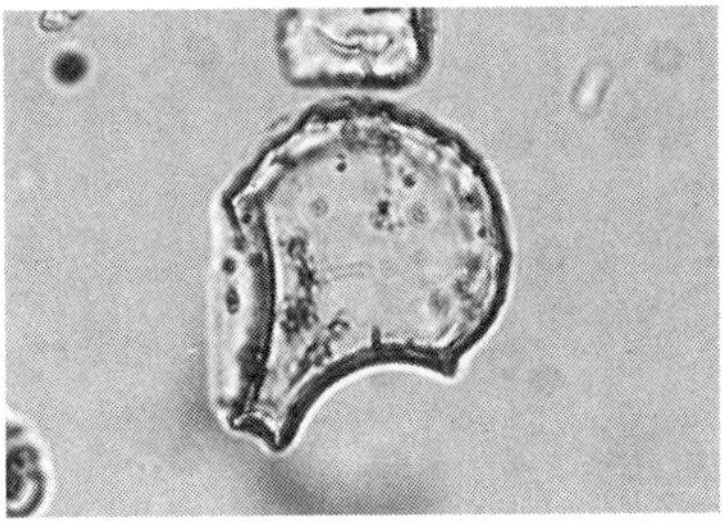

１—１　イネのプラントオパールの顕微鏡写真（写真・宇田津徹朗）

では、日本列島にイネがやってきたのはいつか。研究者の必死の努力にもかかわらずこの問いに対する定説はない。もう少しありていにいえば、イネがやってきた時期は従来の区分でいえば縄文時代、それも後期にあたる四〇〇〇年ほど前にさかのぼると考える研究者もいれば、いわゆる縄文稲作などありはしなかったと主張する研究者もいて、平行線をたどったままだからである。

稲作が古くからあったと考える研究者の主張の根拠は、イネのプラントオパールが縄文時代の遺跡からも出土するという事実や、あるいは最近では縄文土器とされる土器の胎土、つまり土器を作った土そのものからもプラントオパールが出ていることにある。プラントオパールとは、葉の細胞に溜《た》まったケイ酸（SiO_2）の塊（ケイ酸体）が遺跡の土壌中からみつかる一種の微化石である。その形は葉の細胞の形状によるので、出土するプラントオパールの形を詳しく調べることで、そこにどのような植物、あるいは品種があったかがわかるのである。この時代になると、中国の長江《ちょうこう》流域はいうに及ばず、朝鮮半島や台湾でも古い土壌からイネのプラントオパールがみつかっていて稲作の存在を示唆している。

縄文土器の胎土の中からイネのプラントオパールが検出されたとの発表は「縄文稲作」の存在を決定づけたかにみえた。ただし、縄文時代＝稲作のなかった時代という「図式」をしっかりと持ち続ける研究者にはそうはみえない。縄文土器の胎土から出たプラントオパールは、土器が焼かれて長い時間がたったあと、つまり水田稲作の渡来以降、その土器の胎土の隙間にイネのケイ酸体が入り込んだものというのである。

だが、稲作ばかりではない。小畑弘己《おばたひろき》は、『タネをまく縄文人』[2]のなかで、ツルマメの仲間がこの時代には栽培化されていたことを示して周りをあっといわせた。ツルマメはダイズの祖先種である。いまや「縄文時代＝狩猟と採集の時代、弥生時代＝水田稲作の時代」という図式をそのまま信じる研究者は減ってきている。

水田稲作の渡来

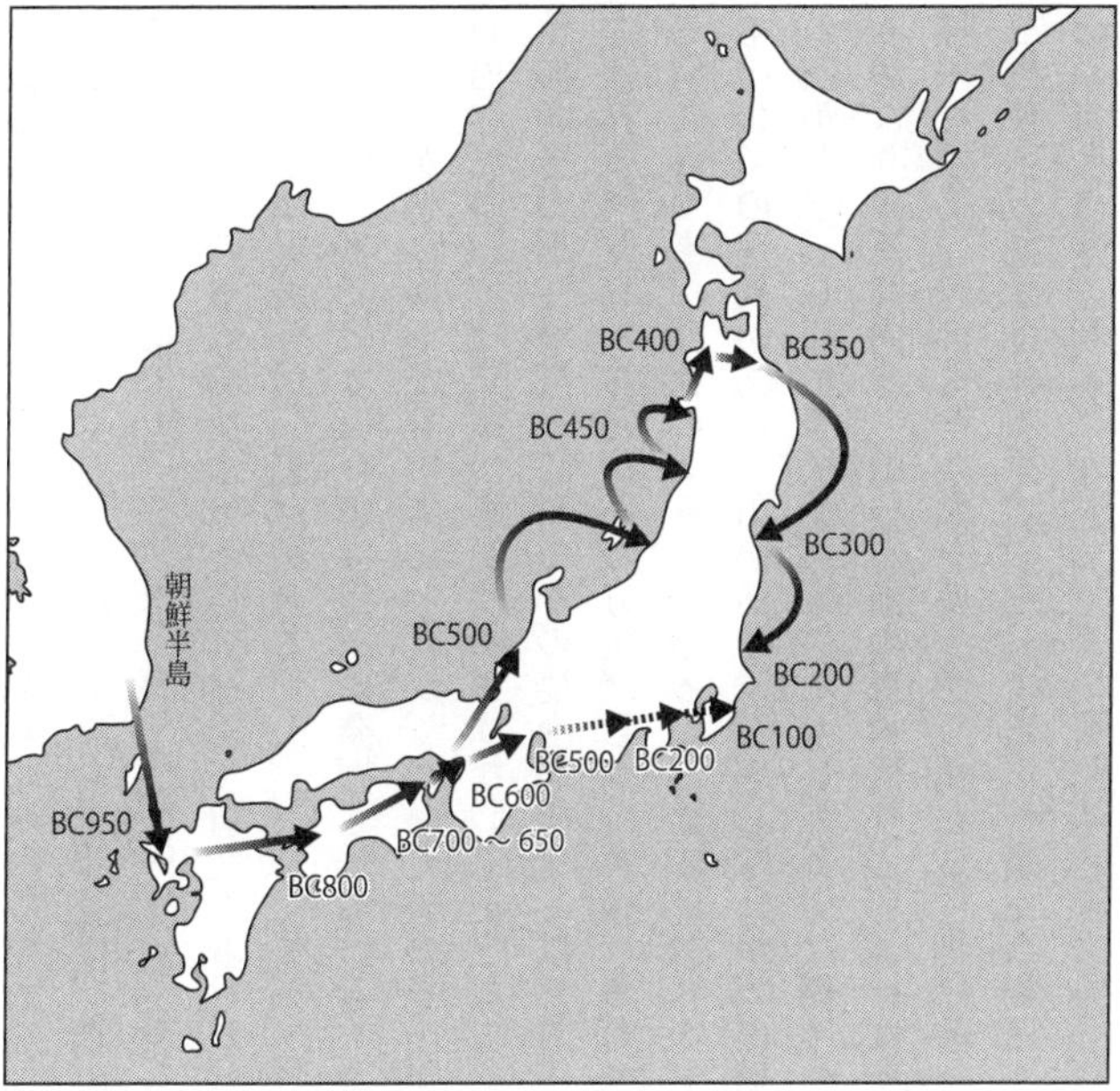

１―２　水田稲作の展開（国立歴史民俗博物館）

稲作の渡来は、水田稲作に限定すればいまから約三〇〇〇年前のこととされる。このことは、最近の藤尾《ふじお》慎一郎《しんいちろう》ら国立歴史民俗博物館の研究グループの研究(3)ではっきりしている。これよりも遅くなることはもはやないのだ。あとはそれが何年前までさかのぼるかだが、一部の研究者とくに考古学者がこだわったのはそれが縄文時代という時代に大きく入り込むかどうかという点である。だが、それが縄文時代のできごとか弥生時代のできごとかは、農耕の有無に関してはそれほど大きな論点ではない。

さらにいうならば、これまで

の議論はあくまで「水田稲作」の渡来についてである。水田があったか否かが稲作の有無の根拠として議論されてきた。だが、世界を見渡せば、水田以外の場で行われる稲作はいくらでもある。それに、「水田」と呼ばれるしかけについてもじつに多様である。現代日本人がいまの日本国内でみる水田を水田と思い込んで研究を続ければ、そうではない水田が出土してもそれを水田とは見破れない恐れがある。

現代の日本では水田の跡は盛んに発掘されている。これまでの経験の蓄積もあって古い時代の水田がどのようなものであったか、だいたいの見当がつくようにはなっているが、水田以外の稲作については発掘の事例はあまりない。そうなると考古学の手法にも限界がある。あとは、世界各地の稲作地帯を訪ねてその姿を想像する以外方法はない。

世界の稲作をみると、その方法はじつに多様、多彩である。イネが育つ環境の水の量ひとつとってみても、浮稲のように一番多いときには数メートルもの水が溜まるものから乾田状態のものまでの変異がある。田植えをするかしないか、田植えする場合もその回数が一年に一回か二回かなど、じつに多様である。そうした多様な稲作のなかでも、焼畑による陸稲栽培はやはりかなり異質である。山の斜面の森を伐《き》り、切った枝葉などを焼いて整地したところにイネの種子を播《ま》く。翌年もその畑を使うが、植える作物は前年のものと異なる場合もある。土地は二、三回使ったあとは休耕する。そしてどこか新たな場所を開いて畑にするが、前年まで使った畑は草ぼうぼうの状態になり、やがてまたもとのような森に還《かえ》ってゆく。焼畑のスタイルも、また休耕する期間も場所によりさまざまである。

　このような耕地が過去にあったとして、考古学的にはどのようにみえるだろうか。ひとつ思考実験をしてみよう。目の前にある焼畑の稲田が、火山の噴火や大洪水で一瞬にして埋められてしまったとしよう。二〇〇〇年後に考古学者がそこを発掘したとして、そこから稲作が行われていた証拠はみつかるだろうか。水田の遺構からみつかるような畦《あぜ》や水路などの構造物はない。耕した跡も、ほとんどみられない。もし何かの痕跡がみつかるとすれば、出土するイネ由来のケイ酸体、つまりプラントオパールだけである。それも、休耕期間が長ければ、その密度はごく低いはずである。

１－３　焼畑で栽培される陸稲（ラオス）（上）種子播きと（下）収穫の様子

　つまり過去の焼畑地を発掘によって明らかにするのは、いまの発掘技術ではほとんど不可能に近い。水田稲作渡来前の稲作があったとして、その痕跡を考古学的に証明するのはきわめて困難である。むろん考古学的な証拠がないからといって稲作がなかったと断ずるのは乱暴である。それはあくまで、考古学の方法、それも現代の考古学の方法では困難であるというだけのことで、水田以前の稲作不存在を証明するものではない。

なお、焼畑地などでの稲作文化では、米はそれほど重要なエネルギー源ではないことが多い。米食が人びとのエネルギーを支える水田稲作社会とは一線を画して考える必要がある。

このような焼畑の環境にあうイネはどのようなイネだろうか。岡彦一《おかひこいち》は世界各地から集めた一四〇ほどの品種を、インディカ、温帯ジャポニカ、熱帯ジャポニカに分けてそれぞれの乾燥への耐性を調べている[4]。すると、インディカの一部と熱帯ジャポニカが乾燥に対して優れているとの結果が得られた。温帯ジャポニカの多くは水田にあう品種、そして熱帯ジャポニカは陸稲栽培によく適応した品種なので、常識的にも納得のゆく結果といえる。なお、インディカ、ジャポニカの違い、ジャポニカにおける温帯型と熱帯型の違いについては改めてのちに述べることにしたい。

最初の水田稲作はどう定着したのか

日本で水田稲作が最初に渡来したのは九州北部といわれる。これだけ発掘が進み情報が蓄積してきたのだから、この見解が変わることは将来にわたっておそらくはないであろう。しかしその最初の水田稲作はどのように持ち込まれたのか。これについてはいくつかの可能性が指摘されている。ひとつは、「徐福《じょふく》伝説」（秦《しん》の徐福が始皇帝《しこうてい》の命を受けて不老不死の薬を探しに日本にやってきたという伝説）にあるように、誰かの命を受けて、少人数の集団がやってきたという仮説である。二つめは、少人数の集団が難民である場合、つまりその集団が、誰かの命を受けたのではなく本拠地を放棄してやってきたと考える仮説である。そして第三が、九州にいたいわゆる「縄文人」が朝鮮半島に渡り、能動的に水田稲作の技術を導入したという仮説である。いずれの仮説をとるにせよ、ある人口を支えるための水田を造成する必要がある。

その労力を考えてみよう。水田を営むには何が必要だろうか。まず、土地が要る。いま仮に人口一〇〇人の村を仮定する。一人あたり年に一〇〇キログラムの米が必要とすれば、必要な米の総量は一〇トンになる。この時代のヘクタールあたりの生産量を鎌倉時代と同等の一・五トンとすれば、必要な水田面積はざっと六・七ヘクタールになる。移住集団はまずこの六・七ヘクタールの土地を開墾しなければならないが、それにはそれ相応の労働力が必要である。水路を開くならそのぶんの労働力も要る。六・七ヘクタールに及ぶ水田を一から開墾するのに必要な労力を計算するのは容易ではないが、次章で参照する『復元と構想』(5)を参考にすると、ヘクタールあたりのべ一万二〇〇〇人・日にもなる。仮にこの作業にあたる人数を五〇人とすれば一六〇〇日の時間を要する作業になる。ここで五〇人という人数は、渡来した集団（一〇〇名）のうちの労働可能者の数として仮定したものである。また天候や他の条件を、焼畑のように火をかけて開墾しながら耕作するようなことを考えるとしても、六・七ヘクタールの耕地の開墾にはそれだけで数年の時間が必要であったことだろう。

それでは、水田開墾までの時間、さらには水田開墾からイネを栽培して収穫にいたるまでの時間を、やってきた人びとは何を食べて生きていたのだろうか。たとえば誰かの命を受け、あるいは難民のような形で、ある人数の集団が日本列島にやってきて水田稲作を始めるには何が必要だったか。先住者から食料を収奪した、あるいは譲り受けたということもありうるが、そればかりではあるまい。

そこで考えられるのが「屯田」の方法である。ある国、あるいはある集団が領域外の土地に入り込むときに、軍隊を伴って拠点をおくことがある。平時は農耕に従事しながら、軍事的緊張が高まったときには軍隊として機能する。屯田には後方支援のシステムが含まれる。開墾の間、最初の収穫までの間の食料は、本国から送られる。屯田のシステムでは、食料はじめ屯田に必要な物資や人の輸送の手段――つまり兵站《へいたん》――が確立していたことだろう。そうでなければ屯田兵たちは最前線で闘うことなどできなかった。ともかく、丸腰の集団、あるいは難民の小さな集団がやってきて稲作を始めたという牧歌的な仮説は難があるように思われる。移住者の規模はともかく、その背景に軍事的な力や政策的な意図がなければ、水田の開墾などとうていできなかっただろうと思われる。つまり、稲作の産物たる米はこの時点で軍事物資だったということになる。

もうひとつの可能性は、九州に住んでいた縄文人の集団のなかにみずから半島に出かけてゆき、そこで水田稲作の技術を習って持ち帰った可能性である。これならば、生活の基盤を持つ人びとが稲作という新しい事業を始めるわけだから兵站の心配はない。こちらもなかなかに魅力的な説である。しかしそれにしても九州と半島にそれぞれだけの政治的な力がなければできることではない。

屯田は近現代にもみられる開拓の手段である。日本でも北海道の開拓（第5章）はあまりに有名だが、それに先立つ山形県松ヶ岡《まつがおか》（現・鶴岡市《つるおかし》）の開墾（二二五ページ）などいくつもの開拓集団が現れた。彼らには軍事的側面は小さかったが、武士の入植という意味では屯田に通じるものがあった。中国ではいまもまだ屯田による開拓が行われている。新疆《しんきょう》ウイグル自治区のタクラマカン砂漠には国道沿いに一定間隔で屯田の村がおかれている。派遣されているのは軍人とその家族で、彼らは普段は開墾と農業に従事している。

渡来の経路

さて、稲作や米食がどこから日本列島にもたらされたか。この点も古くから議論が行われてきた問題のひとつである。そしてこれに関して、従来三つの説があるというのが大方の見方であろう。ひとつは、発祥地である長江流域から山東《さんとう》半島付近に達し、そこから黄海《こうかい》を越えて朝鮮半島に渡って日本列島に来たと考える説（半島経由説）、二つめは長江流域から東シナ海を渡って九州に達したという説（直接渡来説）、そして三つめが琉球《りゅうきゅう》列島など南からきたと考える

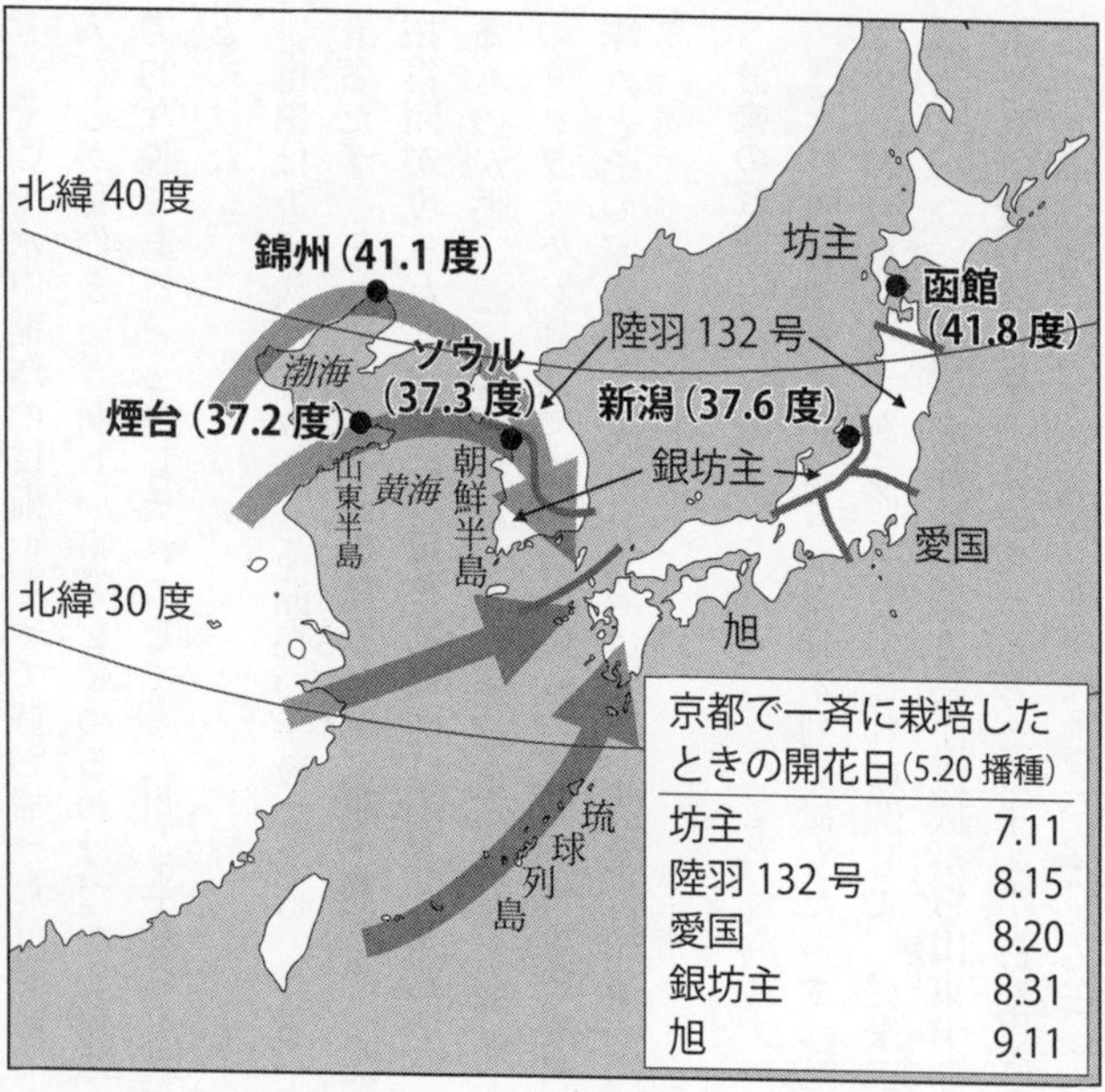

1―4　稲作渡来の経路と稲作の北進

説、である。なお第一の説には、山東半島付近に渡来したあとさらに黄海、渤海《ぼっかい》湾岸を北上し、陸路朝鮮半島に達したという説が含まれている。これを別の説と考えれば、渡来説には四つの経路が考えられていることになる。

　このなかで、考古学的に支持されているのがひとつめの「半島経由」説である。稲作に伴う道具などに類似性があること、さらに最近の山東半島付近の発掘の進展から、大陸から半島にいたる稲作の連続性が認められることなどがその理由である。遺伝学的な証拠にはこれを否定するものもないので、わたしもこの説に反対はしない。

けれども、イネの渡来がもっぱらこの経路によるというならそれは疑問である。イネの開花の習性からは、他の説、とくに直接渡来説がだんぜん有利にみえる。詳しく述べよう。イネは日長時間が短くなると花をつける習性がある。あるイネの品種を緯度の異なるいくつかの土地で栽培してみよう。もちろん、栽培の時期は夏、つまり春に種子を播いて秋に刈り取る条件で、種播きの日は同じにする。すると、多くの品種で、開花の日は栽培地が北になるほど、つまり緯度が高くなるほど遅くなる。その理由は夏の北半球では日長時間、つまり日の出から日の入りまでの時間が北に行くほど長くなることによる。北半球では、日長時間は六月下旬の夏至の日に最長になり、その後は次第に短くなって秋分の日のころおよそ一二時間になる。夏至の日の日長時間は緯度によって異なり、赤道近くのシンガポール（北緯一・三度）では一二時間一三分、東京（北緯三五・七度）では一四時間三五分、スウェーデンのストックホルム（北緯五九・四度）では一八時間四三分になる。そして北緯六六・七度以北の地域では一日中日が沈まない白夜になる。

経験則に従うと、九州や近畿などで開花の時期が遅いいわゆる「晩生《おくて》」の品種を東北地方に持ってゆくと花の時期はうんと遅くなり、種子が熟す前に寒さがやってきて十分な稔りを得ることができなくなる。なかには花を咲かせることも穂を出すこともできない品種が出てくる。それらは次代の種子を残すことができずその代限りで消滅する。だから晩生の品種はなかなか北に向かって広まらない。九州から四国にかけての晩生品種は、近畿から東海地方には容易に広まることはあっても、関東、北陸以北の地に広まるには困難を要した。米という物質が北の地に伝わることがあっても稲作がそれに伴うとは限らない。

そこで、である。地図を広げて中国の黄海、渤海周辺の土地の緯度を調べてみよう。一二ページの図1―4に示すように、山東半島の街煙台《えんたい》市が北緯三七・二度、渤海最奥部の錦州《きんしゅう》市のそれは四一・一度、そしてソウルが三七・三度である。これらを日本の都市と比較すると、仙台市が三八・三度、秋田市が三九・七度、青森市が四〇・八度、函館《はこだて》市が四一・八度である。もし、稲作が陸伝いに伝わってそれが九州に達したとすれば、いったん北緯四一度付近まで、つまり日本ならば函館市付近にまで北上してから半島を南下して九州の緯度にまで南下したことになる。北緯四一度以北にある北海道に稲作が定着したのは一九世紀初頭であるから、この説には同意できない。山東半島の最南部を通って半島に伝わったとしても新潟市付近の緯度（おおむね三八度）にまで北上してから南下したことになる。

このことを別の角度からみてみる。図1―4には、一九四〇年代に朝鮮半島と日本列島で栽培されていた品種を京都市で栽培したときの開花日を示してある。四〇年代の朝鮮半島は日本の統治下にあり、日本のイネ品種のいくつかが栽培されていた。まず、錦州市付近は、もし日本の品種を栽培するなら北海道の「坊主」並みの早生《わせ》でなければならない。そしてそれから「旭《あさひ》」や「銀坊主」のような晩生品種がすぐに生まれ出るとは考えがたい。なぜなら、「旭」のような晩生品種から「坊主」のような早生品種が突然変異によって生まれることはときどきあるが、反対に「坊主」のような早生から「旭」のような晩生が生まれることは理論上も経験上もまずないからだ。

イネが山東半島経由で来たと考えても、そのイネは「陸羽《りくう》一三二号」並みの早生であったはずで、それからは「旭」のような晩生はやはり出てこない。現在の「旭」や「銀坊主」並みの晩生品種は別経路を通って九州など西日本に入ったと考えるほうがはるかに自然である。

つまり、イネ品種の開花日の多様性をみると、イネの渡来経路は朝鮮半島経由のほか少なくともさらに低緯度の地域からの渡来を想定する必要がある――これがわたしの主張である。

見渡す限りの緑のじゅうたん

現代の日本に住むわたしたちは、水田風景というと、平らな土地に見渡す限り広がる緑の光景を思い起こす。あるいは、なだらかな斜面に、等高線に沿って規則正しく並んだ棚田の光景を思い起こすかもしれない。だが、このような光景はそれほど古いものではない。とくに、「気配と情念の時代」における水田の景観について、わたしたちはそれほど多くを知らない。

一六ページの図１―５には、静岡平野の遺跡のうち弥生時代後期から古墳時代にかけての水田遺構が検出されたものの分布を示す。図中線で囲った地域がその遺跡の範囲を示すが、発掘は一度に行われたわけではなく、少しずつ何回にも分けて行われた。したがって遺跡の範囲は

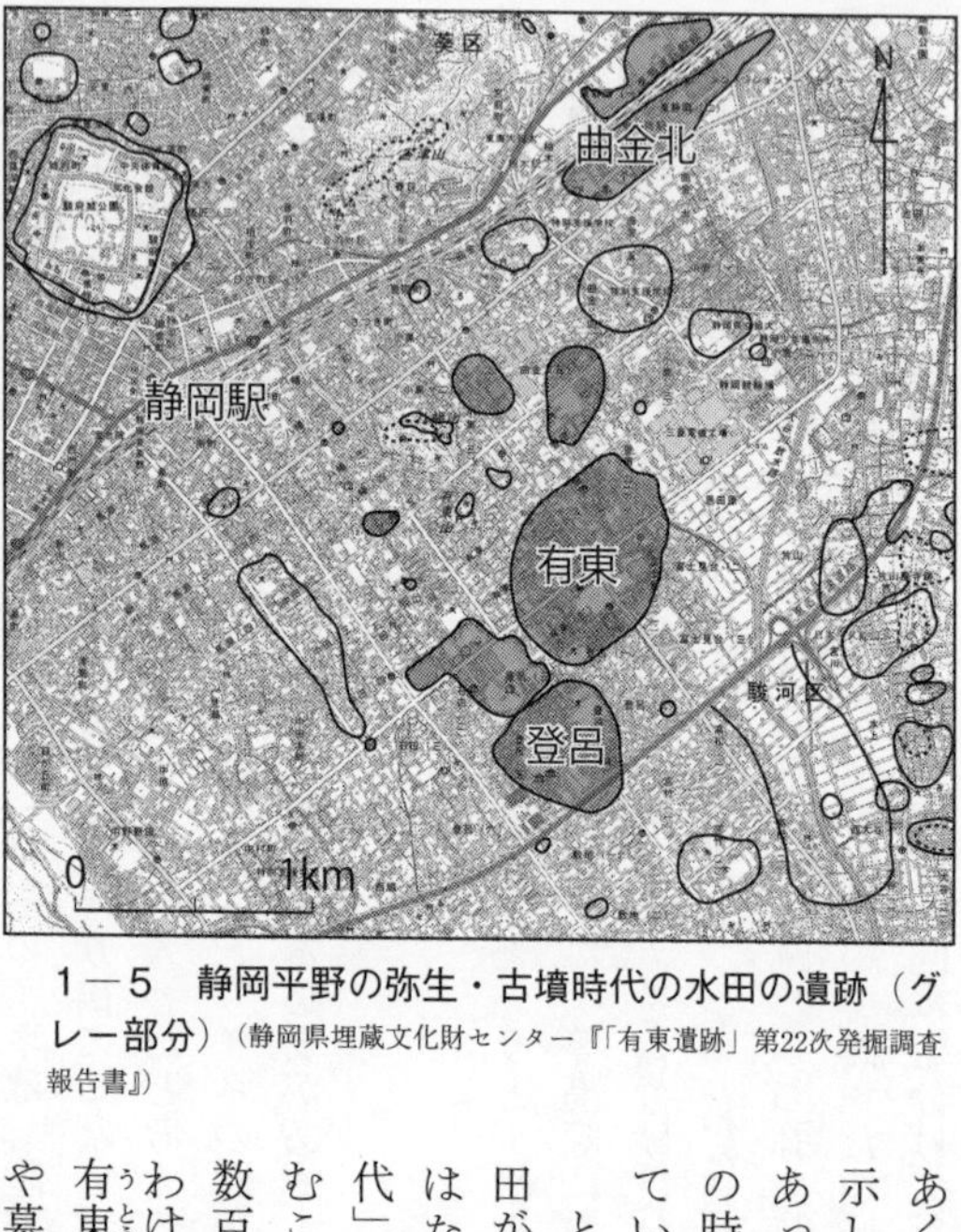

1—5　静岡平野の弥生・古墳時代の水田の遺跡（グレー部分）（静岡県埋蔵文化財センター『「有東遺跡」第22次発掘調査報告書』）

あくまで推定範囲である。また地図に示した遺跡範囲のすべてが水田遺構であったわけではない。それにしてもこの時代には水田が相当の範囲に広がっていたことがよくわかる。

とはいえ、この地に見渡す限りの水田が広がっていたのかといえばそうではない。「弥生時代後期から古墳時代」というと数百年に及ぶ時間差を含むことになるが、これら遺構すべてで数百年間ずっと稲作が続けられてきたわけではない。図中最大の面積を持つ有東《うとう》遺跡では弥生時代の中期には集落や墓域であった部分が後期には水田域になるという変化が認められる。(6) なぜ集落だったところが水田になったのか、その理由は必ずしもはっきりしないようだ。また中期と後期の時間差が何年くらいかもはっきりしないが、弥生時代というひとつの時代のなかでさえ、ひとつの土地が集落になったり水田になったりすることがあるということを示している。つまり、この時代が、日本列島が広い範囲で水田稲作や米食に支えられるようになった時代だとはいっても、それは広い土地全体をみればの話で、細かくみてゆくとある土地がずっと田として使われていたわけではなかったことに注意を払う必要がある。

この地図に示された水田は、ひとつの「文化層」に属する。その土地が使いはじめられてから洪水などの災害にあうなどして失われるまでの時間は、考古学的には一瞬である。その期間が一年であろうと三〇年であろうと、である。

いま仮にその期間を三〇年、そこに二〇区画の水田区域があったとしよう。この二〇区画の水田はその三〇年間ずっと使われ続けていたのかもしれない。しかし別の可能性もある。二区画の水田が三年ずつ一〇回にわたって作り替えられたとしても考古学的には同じようにみえるのだ。つまりこの場合、ある年に使われていた水田区域は二つしかなかったことになる。

考えてもみようではないか。「緑のじゅうたん」のような水田の景観を支えるものが何であるかを。有効な肥料のなかった時代、毎年イネを作り続ければ地力は低下し収穫量は年々減少したはずである。また雑草防除に関する有効な手立てもなく、よほどこまめに草取りをしないと雑草はどんどん増えていった。現代の水田がこの制約から逃れることができているのは、化学肥料と農薬があるからである。

こうした水田の事情をもっともよく表している遺跡のひとつが、この時代の終末期、あるい

1—6　曲金北遺跡でみつかった水田の遺構（一部）

は次の時代（「自然改造はじまりの時代」）の曲金北《まがりかねきた》遺跡（静岡市）であろう。静岡市駿河《するが》区曲金は、静岡駅から東海道本線を東京に向かって少し進んだところにある土地で、ここには古代の東海道《とうかいどう》が走っていた。そしてまさにその古代東海道の下から、この遺跡は出てきた。遺跡の際立った点は、一万枚にも及ぶ膨大な数の田が出てきたところである。わたしたち現代日本に住まいする者の感覚からは、田といえば四角い格好をした、それなりの面積の空間であるが、曲金北遺跡からは、この時代の水田の特徴である「小区画水田」が一万枚も出土した。小区画水田とは文字通り小区画の水田である。この遺跡の水田の平均的な大きさは数平方メートル。つまり三〜四畳程度の面積である。

最初、この遺跡の発掘を担当した考古学者たちは、この一万枚のすべてにイネが植えられた姿を想像したらしい。わたしもそのような説明を受けたが、しかし、これだけの数の田を作るだけの人がどこに住んでいたのだろうか。不思議なことにそれだけの人が暮らした集落が知られていないという。それに、この広い土地からとれる米を誰が食べたのだろうか。

これだけの面積の田を、どのように運営したのかも不思議である。まず、雑草をどうしたのか。村の労働人口の大きな部分を草取りにあてるようなことが可能だったのか。それから、肥料はどうしたのか。「見渡す限りの一面の水田」は、それを支えるための肥料があってはじめて実現する。雑草の増加と地力の低下が、休耕または耕作放棄がついて回った理由であるとわたしは考える。

曲金北遺跡での調査でも、休耕ないしは耕作放棄の痕跡がうかがえた。一部の区画からは、一平方メートルあたり一万個を超える雑草の種子がみつかっている。株数に直せば一平方メートルあたり最大九〇株を超える雑草が生えていたことがわかった。現代の水田では、イネの株数は一平方メートルあたり一五～二五株程度である。九〇株もの草が生えた土地にはイネが生える余地はない。

いっぽう、これら一万枚の田からはことごとくイネのプラントオパールがみつかっている。もちろん多量の雑草種子が出た区画からも、プラントオパールは出ている。このことは、そこではかなりの長期間にわたってイネが栽培されていたことを強く示唆する。雑草が密に生えていたということとイネがかなりの期間栽培されていたということ、この二つを矛盾なく説明する仮説は、休耕田ないしは放棄田があったのではないかというものである。わたしは以前の著作では、休耕田の語を用い、放棄水田の語は使ってこなかった。休耕の語には、やがていつかは耕作を再開するという意図が込められている。いっぽう、その意図がない場合にはそれは耕作の放棄である。しかし、雑草種子の種類と量というデータだけでは、当時の人びとの意図をくみ取ることはできない。耕作の放棄か休耕かはあくまで現代人の感覚によるものである。本書では単純に「休耕」の語を使うが、意味するところはもう少し広く、「放棄水田」を含むものとお考えいただきたい。

田植えをしたか

さて、稲作技術上のもうひとつの大きな問題が、田植えがあったかである。田植えは、本田とは別の場所に苗代《なわしろ》を作り、そこで育てた苗を本田に移植する技術である。こうすることで、イネの生育期間中ストレスにもっとも弱いとされる苗の時期を人の保護下におくことができる。発芽直後のイネは鳥や小動物の餌食になるし、また春先の低温被害にあうこともある。苗代は、発芽直後の苗を守るのに有効である。

もちろん田植えをしなければ稲作ができないわけではない。世界の大半の稲作地域では、イネは水田に直播《じかま》きされる。そしてその水田には、有り余る水が湛《たた》えられることも、あるいは逆に水など一切溜まらないこともある。ただ、田植えの有無は、稲作の集約度のひとつの指標になってきた。だから、田植えの有無が問題になるのである。

田植えの起源はよくわかっていない。ひとつの可能性は、南方の島じまで発明されたサトイモの仲間であるタロイモなどの栽培法が導入されたとする見方である。つまり、中尾佐助《なかおさすけ》がいう「根栽農耕」の影響というわけだ。[7] 水田というと稲作に固有の栽培方法と思われがちだが、そうではない。中国の南部から南の島じまを歩いていると、イネ以外に水田で栽培される作物をいくつもみる。タロイモや中華料理の食材でもあるマコモも水田で栽培されている。これらの作物は、前年の古い株を掘り起こして株分けして改めて移植する。こうすることで、株の基部にある新しい芽を活性化して次のシーズンの苗にできる。水田耕作という技術は、根栽農業に由来する可能性は高いと考えられる。

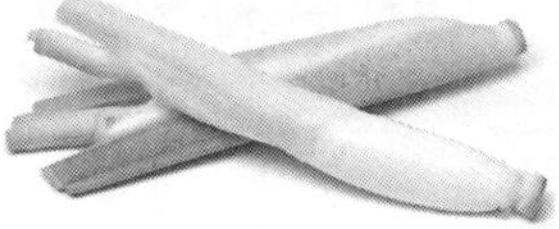

１―７　マコモの水田（浙江省余姚市）とマコモ

　株分けができるのは多年草だけである。イネには多年生の性質を持つものがあって、株分けによって株を増やしてやることができる。ジャポニカのイネはその性質を強く持つ。もっとも、植物は株分けの方法では進化することはない。種子による世代交代、つまり種子繁殖が植物進化の原動力である。イネが寒さや乾燥などの逆境に耐えてさまざまな環境下で栽培されるようになったのは、人間が米というイネの種子を食べつつ、毎世代種子を播いて育てて進化させてきたからにほかならない。

話がわき道にそれたが、日本には田植えの技術は水田稲作の渡来に伴ってやってきたのだろうか。むろんそのように考えるのが自然ではあるが、その直接の証拠はないものだろうか。この問いに答えたのが能登健《のとたけし》らである。能登さんらが群馬県渋川《しぶかわ》市の黒井峯《くろいみね》遺跡（古墳時代）でみつけた短冊形の構造は、土壌に含まれるプラントオパールの分析などから陸苗代《おかなわしろ》ではないかというのである。(8) これが事実とすれば、少なくとも古墳時代には苗代があったこと、そしてそこで育てた苗が本田に移植されていたであろうことが確認できたことになる。

なお、能登さんは、日本でもこの時代には「畠《はたけ》でも陸稲栽培がおこなわれていた」と書いている。(9) これは大変に重要な指摘である。日本にも水田稲作以外の稲作があったことになるからである。

やってきたイネの系譜

出土した炭化米

この時代の人びとが稲作し米を食べていたことは、多くの遺跡から多量の米粒が出てくることからも明らかであろう。出土する米は多くの場合真っ黒に変色し、炭化米と呼ばれてきた。炭化米は、当時の人びとが米を食べていたことを示す数少ない直接証拠なので、日本でも二〇世紀初頭から注目され、膨大な数の報告書や論文がある。

けれども炭化米は、研究の対象としては扱いにくい。米粒の内部まで炭になってしまっていて、化学分析や生化学分析の方法は使えないからである。いまでこそＤＮＡ分析が可能になりつつあるが、一九八〇年代までは誰も試したことがない方法であった。唯一使えたのが、その形や大きさを測る方法だった。幸い、玄米の形や大きさは栽培環境の影響を受けにくく品種の特徴をよく表している。ただし、「米粒の丸いのはジャポニカで細長いのはインディカ」というのは俗説で、まったくいただけない。この説をもとにして従来いわれてきた、この時代に日本列島にやってきたイネはジャポニカという説には根拠がない（ＤＮＡ分析により、結論としてはそのとおりだと思われるが）。

1―8　炭化米

炭化米の大きさの変異に注目した研究者がいる。一九六〇年代から日本各地の遺跡から出土する炭化米の形や大きさを調べ続けた佐藤敏也《さとうとしや》である。その調査データは『日本の古代米』[10]として集大成され、また調査に使われたサンプルの多くは弘前《ひろさき》大学人文社会科学部に保存されている。佐賀大学にいた和佐野喜久雄《わさのきくお》もまた、炭化米の形と大きさの調査にあたってきた[11]。和佐野さんはイネにつく害虫の研究者であったが、その後この研究に転じた。和佐野さんは北部九州を中心に、いくつかの遺跡から出土した炭化米の大きさを調べ、玄界灘《げんかいなだ》側の遺跡と有明海《ありあけかい》側の遺跡から出土した炭化米の形を比べ、前者が短く後者が長い特徴があることを見出《みいだ》した。

二つの地域の炭化米の形が異なるという知見は重要である。先にも書いたとおりイネの種子の形や大きさは、背丈や取れ高などとは違って栽培環境によってあまり変わることがない。だから、二つの地域で種子の形や大きさが違うということは、もともとの由来に違いがある可能性を強く示唆している。こうした、二つの地域の生物集団の遺伝的な性質が由来の違いによって変わる現象を「創始者効果」（英語ではファウンダー・エフェクト）という。つまり、北部九州の二つの地域でのイネ種子の形と大きさが違うのは、この二つの地域のイネが、異なる地域から独立に持ち込まれたからだと考えられるのである。

和佐野さんは、玄界灘に面した地域のイネは朝鮮半島から、そして東シナ海や有明海に面した地域のイネは中国大陸から来たと考えていたようだが、それについてわたしは意見を保留しておく。これに関連して上條信彦《かみじょうのぶひこ》は、この時代の炭化米を四つに分け、地域ごと、時代ごとの分布を調べている。[12] それによると、細部では相違点もあるものの、和佐野さんの分類とおおむね一致している。

ひとつの遺跡、遺構から出土した炭化米にも、大きさのばらつきが認められる。和佐野さん以前の研究では、ひとつの遺跡から出土した炭化米はひとくくりにして扱われてきた。むろん

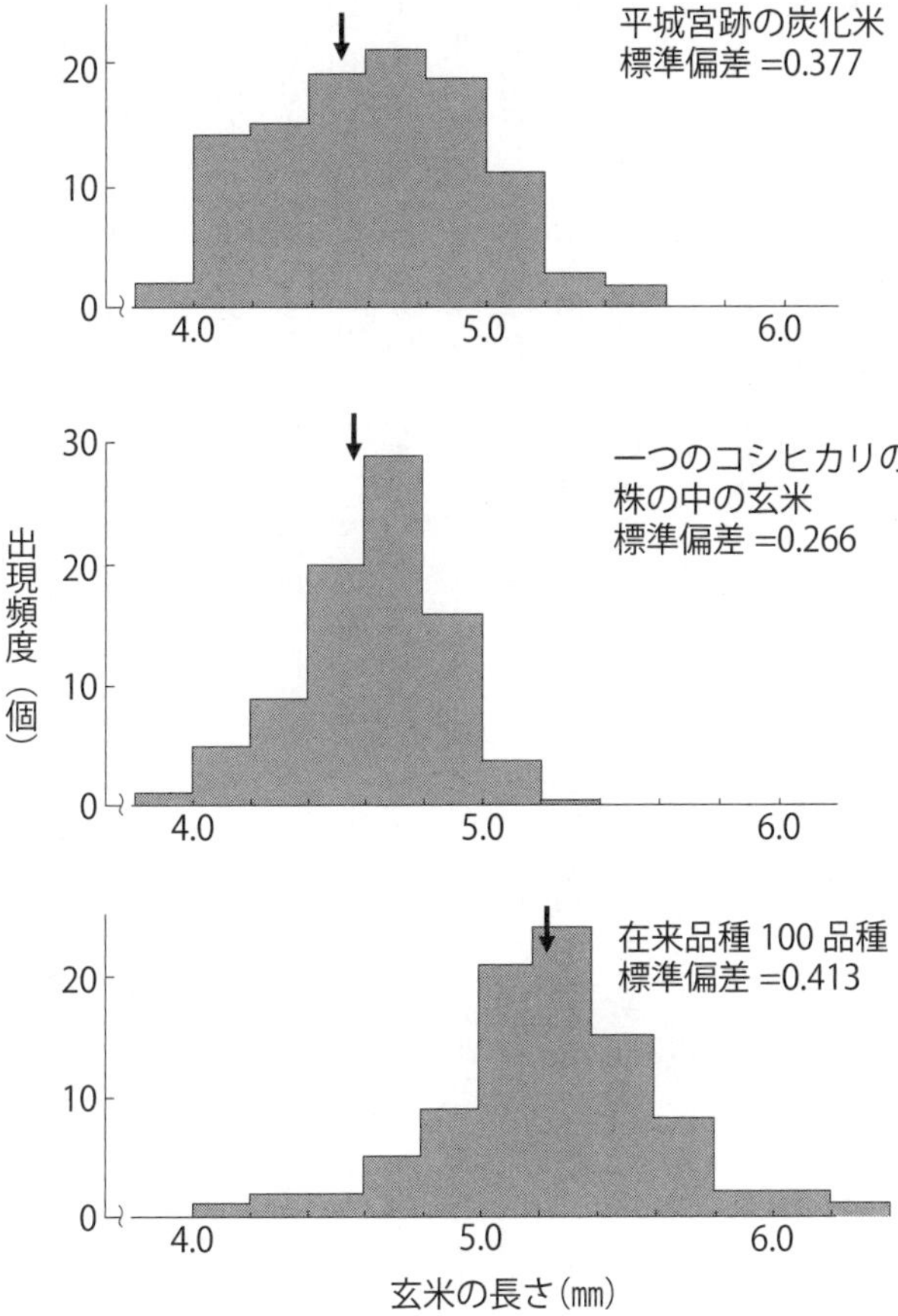

1－9　炭化米の大きさの頻度分布図　矢印は平均値を示す（佐藤，1992）

米粒の大きさや形は粒ごとに違っている。しかしその違いはいわば誤差、つまり意味のない違いとみえる。たしかに、ひとつの遺構から出た種子数が少ないときには、粒ごとの違いはあまり重要視されない。しかし研究が進むうち、ひとつの遺構から出た米粒の大きさのばらつきが注目を集めるようになってきた。きっかけとなったのが、奈良県平城宮《へいじょうきゅう》跡から出土した大量の炭化米の存在であった。

大きさのばらつきを表現するには「標準偏差」という値を使うのがよい。統計学の用語で「平均値からの隔たりの平均」を表す値である。この値が大きくなればなるほど、ばらつきは大きくなる。つまりいろいろなサイズの米粒が混ざった状態になる。平城宮跡から出土した炭化米のばらつきをみてみよう（図1—9）。図では、参考のために、ものさし代わりの集団を二つ用意してある。ひとつは一株の「コシヒカリ」に稔《みの》った米粒一〇〇個の集団で、もうひとつがいまの日本各地の在来品種一〇〇品種から一粒ずつ米粒をとって混ぜたものである。

コシヒカリ一〇〇粒の集団でも、ばらつきの大きさはゼロではない。この一〇〇粒は、持っている遺伝子はまったく同じであるのに、である。ここに生命現象の本質がある。一卵性双生児の顔つきにわずかな違いがあったり指紋に違いがあったりするのも遺伝子の性質を示している。遺伝子は生命の設計図であるとよくいわれる。しかしものづくりは設計図通りにゆくとは限らない。同じ遺伝子を持つ個体や器官の間にも、表現型といわれる最終産物にはわずかな違いができる。これが「ゆらぎ」である。遺伝子は、コンラッド・ウォディントンが『遺伝子の戦略』[13]で書いているように、あくまで未来の可能性を示しているにすぎない。

それはともかく、炭化米一〇〇粒の集団が持つばらつきにもこのゆらぎによるものが含まれているだろう。平城宮跡から出た炭化米一〇〇粒の集団とコシヒカリ一株の一〇〇粒の集団の標準偏差を比べれば、前者の集団が遺伝的なばらつきを含んでいることは確かだろう。

この時代の遺跡から出土する炭化米の集団を調べてみると、どこでも粒の大きさや形にばらつきが認められる。ここに、当時の人びとの「品種観」をうかがい知ることができる。おそらくは田にはいろいろなイネが混在しており、見た目にも相当に雑駁《ざっぱく》な感じを醸していたのではないか。「かなり雑駁」とはいうもののその程度はどれほどか。米粒のばらつきが当時と同程度になるよう、いくつもの品種を混ぜて栽培してみると、いまわたしたちが日本で普通にみる水田に比べて、背丈や草姿《くさがた》は明らかに不揃《ふぞろ》いである。当時の人びとはいろいろな米を混ぜて食べていたことが考えられる。いな、米だけでなくいろいろな食材が混ぜて食べられていたものと思われるのである。

唐古・鍵遺跡から出土した炭化米ブロック

奈良県田原本町《たわらもとちょう》の唐古《からこ》・鍵《かぎ》遺跡からも大量の炭化米が出土している。およそ八〇年前に発掘されたその炭化米の一部が京都大学総合博物館に保存されていると知って、二〇一一年、博物館を訪ねた。資料は黄色の大型のプラスチックの箱に、きちんと整理して保存されていた。

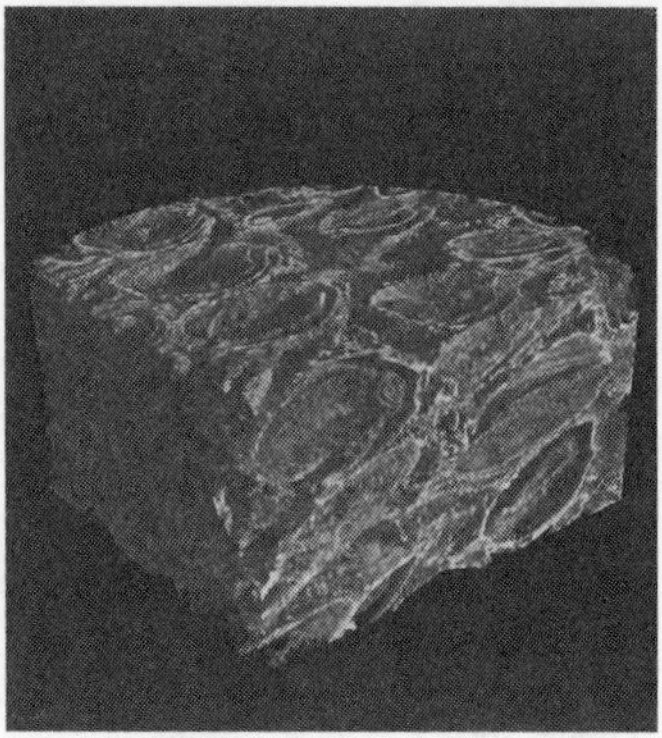

1―10　炭化米ブロック　奈良県唐古遺跡88号竪穴住居出土焼米の細部の三次元ＣＴ写真

それは、大きいものでは握りこぶし大の塊になっていた。専門家たちはこれを炭化米ブロックと呼んでいる。炭化米ブロックという呼び名があるくらいだから、各地に似たようなものが出土しているということだろう。

炭化米はどうしてブロックになるのだろうか。これについての詳しい研究はとくにないようだが、最近「おにぎり」ではないかというブロックが出ている。その可能性もないではないだろうが、「おにぎり」ではないものが含まれるようにわたしには思われる。大学院の学生だったころ、研究農場では、研究が済んだイネの穂は焼いて処分していた。そのとき、内部まで燃えつきなかった穂束のなかに、籾《もみ》がら同士が溶けてくっつきあい塊のようになったものをみたことがある。籾がらの表面に生える細かな毛である「ふ毛《もう》」と呼ばれるガラス質の毛が熱で溶け、溶けたふ毛同士がくっつきあっていたのである。過去の米蔵のなかでもこうしたことが起きれば、炭化米ブロックになると考えるのは合理的な考えである。

わたしは、唐古遺跡から出土した炭化米ブロックを、ちょうどある医療機器メーカーが試験的に開発していた三次元ＣＴを使って調べてみることにした。するとどうだろう。炭化米ブロックにはまるまるした籾《もみ》や、籾と穂軸をつなぐ枝梗《しこう》、そしてさらにはふ毛までがはっきりとみえているではないか。炭化米ブロックは穂束などが燃えてできたものという可能性が高い。

ところで、炭化米といっても、じつは火を受けて「炭化」しているという科学的な根拠があるわけではない。各地の遺跡から出てきた炭化米の表面を詳しくみてみると、なかには直接火を受けたと思われる、表面に細かな気泡状のものが無数にみられるようなものもある。あるいは、中の水分が沸騰して噴出したかのようにみえるものもある。おそらくこれらは熱を受けて米粒そのものが変性してしまったものなのだろう。いっぽう、火を受けたようにはどうしてもみえない米粒もある。炭化という現象には、光、酸素、土圧などがかかわっていることは確かなようだ。とくに酸素と光は重要な要素と思われる。発掘の作業に携わった経験のある方ならばあるいは経験されたことがあるかもしれないが、低湿地の遺跡の土中からは古い時代の木の枝や葉が出土することがある。そしてごくまれに、埋蔵されたときの姿をそのままとどめているかの色鮮やかな遺物に出くわすことがある。だがそれらは取り上げられ、日光や酸素に暴露されたとたんくすんだ色合いになり、やがてぼろぼろに崩れてゆく。あたかも土中にあって止まっていた何百年、何千年という時間を一瞬にして取り戻しているかのように。以前、浦島太郎《うらしまたろう》の玉手箱の話は昔の人びとによる似た体験を下敷きにしたものかもしれないと書いたことがある(14)が、変化はたしかに「みるみるうち」に起きるのだ。

人びとはどれほど米を食べていたのか

人びとは米食い？

「気配と情念の時代」にあっては、作る人は食べる人であった。むろん男と女の間で、老いと若きの間での分業はあったに違いないが、しかし、顔も知らない他者の食を支えるために耕すことはなかっただろう。だからおそらく、米はひとつの集団のなかで作られ、そして消費されていた。彼らの社会は、拙著『稲と米の民族誌』(15)で書いた「原始農耕」の段階にあったものと思われる。

この時代の人びとはどれくらい米を食べていたのだろうか。わたしたちはまだ、この問いに満足に答えることができない。寺沢薫《てらさわかおる》はいくつもの遺跡から出土したデータに基づき、米はこの時代まだ主要なでんぷん源ではなかったと述べている(16)。稲作がかなり普及していたと考えられるこの時代にあっても、イネ以外にも種々の植物の種子を大量に備蓄していたと考えられるからである。

いっぽう藤尾慎一郎は、出土するドングリなどはいわば非常食として蓄えられたもので、実際の米の消費量は以前の研究者が考えるよりずっと多かったと考えている。米は食べられてしまった、だから残存した種子量は当然にして少なくみえたというわけだ。出土する遺物の量をみて人びとが食べていた穀物量を推し量るのは困難である。

　米はどのように調理して食べられていたのか。これもいまのところまったく明らかではない。とくに、一般の人びとの食の実態はすべてがまだ厚いベールに包まれている。考古資料に乏しいうえ、文字史料もない時代のことである。ここは民俗事例からの類推による以外に手がない。ただし、民俗事例からの類推にも問題はある。観察された事例がいったいいつの時代からのものなのかをいうことが、必ずしも容易ではない。

　それでも、さまざまな方法を駆使して、この問いに対する答えを出す試みがなされてきている。そのひとつが、道具から調理法を推定しようというものである。料理にかかわる道具としては「杵《きね》と臼」が思い浮かぶが、それについては後ほど触れるとして、ここでは煮炊き用の調理具に注目してみたい。渡辺昌宏は出土する食器のセットの変化に注目している。まず紀元前四、五世紀になると近畿から九州にかけて煮炊き用の鍋の形が底のとがったものから平らなものへと変わってくるという。また、蓋《ふた》の出現が前三世紀ころからみられるようになり、さらに弥生時代の後期になると「底にひとつだけ孔《あな》を開けた鉢型の土器が見つかる」という。そしてこれが蒸し器であった可能性を示唆している。(17) 蒸し器を使って調理するとなると、根菜、肉、魚などの食材が思い浮かぶが、米に関してはモチ米（糯米《もちごめ》）の存在が浮かび上がってくる。この時代の人びとがモチ米を食べていなかったという保証はない。いや、モチ米とウルチ米（粳米《うるちまい》）とを混ぜて調理しなかったかといえば、その証拠もない。

おにぎりとおむすび

さて、それでは人びとはどのように米を食べていたのだろうか。茶碗はあったのだろうか。箸を使っていたのだろうか。茶碗も箸も要らない「おにぎり」もあったのだろうか。なお、ここでは「おにぎり」と「おむすび」とは呼称の違いで、実際は同じものと考えて議論を進める。

ネット上の説明や書籍などでは、おにぎりが弥生時代にまでさかのぼるかのように説明されている。遺跡から出土する米粒のなかには、あたかもおにぎりがそのまま炭化したかにみえるものもある。しかしそう考えるのは少し早計であるようだ。たとえば、前項の唐古遺跡出土の炭化米ブロックも、みようによってはおにぎりのかけらとみえなくもない。そこでCT画像を使うことを思いついたのだが、得られたCT画像からは、おにぎりであるとは考えがたいという結論になった。その後CTによる分析は少しずつ広まりつつある。横浜市歴史博物館が企画した「大おにぎり展」の図録には、数点の炭化米ブロックのCT分析の結果が示されている。[18]いくつかは穂のまま炭化してできたものと考えられるものの、いくつかは「おにぎり」、あるいは「調理後のご飯」が炭化したものとしている。また、稲村達也《いなむらたつや》[19]らも炭化米ブロックのCT分析を試みており、おにぎりには懐疑的な見方をしている。この時代の米の調理法についてはわからないことが多く、結果について判断は保留するが、ここでいう炭化米ブロックの成因はどうも一つではなさそうである。

飯をおにぎりにするのはなぜか。理由のひとつは運びやすさだろう。つまり弁当の機能が託されている。この時代の人びとがどのような暮らしをしていたかは謎に包まれているが、激しい肉体労働もめずらしくはなかっただろう。その労働を支えるには、それなりのエネルギー源、つまり糖質が必要だった。糖質の補給源は、米などの穀類のほか、ドングリなどの堅果類があげられる。そのなかで穀類が、生産性やその安定性の面からは他を凌駕《りょうが》していた。そして米は穀類のなかでも食後血糖値をあげる効果が高い。食後二時間の血糖値（対ブドウ糖比）をグライセミック・インデックス（GI）というが、GI値は米（白米）は八〇程度で、他の「雑穀米」などの五〇台に比べてずっと高い。つまり、食後二時間という作業真っ最中の時間帯に力が出せるのは米だということになる。

このように書けば、この時代の人びとは白米など食べていなかったはずだという反論が来るだろう。たしかにそうだろう。しかし、彼らは玄米（GIは六〇程度）を食べていたわけでもない。玄米という製品はこの時代にはなかった（四七ページ）。むろん白米は食べていなかったにせよ、いまでいう胚芽米《はいがまい》程度の米を食べていたのではないかと思われる。そうすると、米はやはり、力の出る不思議な食べ物として人びとの目に映っていたのではないかと思われる。現在では生活習慣病への懸念からGIの低い食品への注目が集まり、低GI食品などという語もあるが、時代が変われば状況も変わるもので、激しい農作業に従事するには高いGIはむしろ歓迎されたのである。いまは食料も豊富で多くの人が栄養過多に悩む時代だが、この状態は人類史的にはあくまで一過的な状態である。

ジャポニカのイネ

さて、この時代の品種はどのようなものだったのだろうか。品種とは遺伝的な性質の異なるイネが目の前に並んだときに生まれる概念である。ひとつの村に、性格を異にする種類のイネが区別されて栽培されている、モチ米とウルチ米を区別している、などの場合がそれである。村の誰かがどこからか新しいイネを持ち込んできたような場合も、人びとは在来の品種との違いに気づき新参者に固有の名前をつけるだろう。

この時期に日本列島に来たイネの主力がジャポニカのイネであったことはほぼ疑いがないが、そもそも、ジャポニカという名称は九州帝国大学の教授であった加藤茂苞《かとうしげもと》が一九三〇年につけたものである。[20] 加藤は当時、九大の研究室が集めた世界各地のイネを分類する研究をしていた。加藤はこの二年前に研究室の仲間らとともに日本語の論文を書いている。[21] そこでは「日本型」「印度型《いんど》」の名称を用いている。それが一九三〇年の英語の論文では *japonica*、*indica* と名づけられたのである。

植物学の研究分野では、種《しゅ》などの名称をつける場合に、ある約束事がある。それは、類似の種がすでに登録されていないかを他の植物園や博物館などに問い合わせ、いままでに記載がなかったことを確かめる、という手続きを踏むことである。そのときによりどころとなるのが腊《さく》葉《よう》標本と呼ばれる標本である。標本にはその植物の特徴が書かれているので、それを参考にしながら、自分のみつけた植物が新種といってよいかを検討する。新種であることがはっきりすれば、その種に対する命名権が与えられる。そして自分がみつけた植物を標本にして植物園か博物館に収める。

　ところが農学には標本を作る習慣がない。農学分野では、品種を特定するものは種子である。イネは、疑似的にではあれ純系（その種子を播けば親と同じ性質の個体が得られる材料）なので、標本の代わりを種子がつとめる。しかも、この場合の「品種」は、「コシヒカリ」「あきたこまち」のような一個一個の純系を指し、「ジャポニカ」のような品種のグループを指すものではない。だから「ジャポニカ」は、植物学の慣例に基づく標本やそれに相当する実体物がない。じつはこのことが災いして、ジャポニカとはどういう存在なのかについて、ちゃんとした定義がない。ジャポニカとは何ものか、定義がまちまちなのはそのせいでもある。

1—11　岡彦一博士（1916−96）

　ここでは、岡彦一が作った基準に基づいてさらに話を進める。岡は北海道帝国大学を卒業後国内の研究機関で少し仕事をしたのち台湾に渡り、そこで長くイネの研究を続けた。戦後しばらくして静岡県三島《みしま》市の国立遺伝学研究所に採用され定年までそこにいたが、定年後はふたたび台湾に渡って若手研究者の育成にあたった。晩年ふたたび三島に戻り、遺伝研内に小さな研究室をもらって終生研究を続けた。わたしはこのときに遺伝研に在職し、岡先生からいろいろ指導を受けることができた。

さて、岡先生は一度目の帰国後すぐの一九五八年にジャポニカの定義にかかわる論文をひとつ書いている(22)。詳細は省くが、この定義はその後進展したDNA分析による分類ともよく合致し、研究者の間では市民権を得ている。そしてジャポニカには二つのタイプがあることが、このときはじめて認められたのである。

熱帯ジャポニカという種類

岡先生はこの二つのジャポニカに、熱帯型、温帯型の名をつけている。分布の地域がおもに熱帯地方と温帯地方とに分かれると考えられたことによるものだが、分類の基準は少し煩雑である。しかし本書ではこの点は少し詳しく書いておこうと思う。

岡先生はジャポニカ品種の分類にあたって次の三つの遺伝的な性質に注目した。(1) 籾の形、(2) 中茎の長さ、(3) 米粒のアルカリ崩壊度。このような、ちょっとみただけでは何のことだかわからない性質をなぜ使ったか、その詮索は後回しにするとして簡単に中身を説明しよう。(1) 籾の形は、籾の長さを幅で割った値。値が大きいほど細長い籾になる。(2) 籾を真っ暗な環境下で発芽させたときに伸びる「中茎」の長さ。中茎は普通に種播きしたときには伸びることはないが、暗黒条件、たとえば覆土（かぶせる土）がうんと厚いときなどに伸びることが知られている。中茎の伸びが悪いと、覆土が厚い条件では芽を出すことができずに死んでしまう。（3）白米をアルカリの水溶液に漬けて三〇度で一日おいたときの胚乳《はいにゅう》の溶け具合。この性質はたとえば灰汁《あく》巻き（モチ米を竹皮で包み、灰汁で炊いた南九州の食品）のような調理をしたとき、飯粒が溶けて柔らかくなるか否かにかかわる。

興味深いのは、たくさんのジャポニカの品種を集めてこの三つの性質を調べると、細長い籾を持つ品種は中茎が長く伸び、かつアルカリ崩壊しにくい傾向があり、反対に丸い籾を持つ品種は中茎が短く（または伸びず）、かつアルカリ崩壊しやすい傾向にあることである。言葉を換えると、「籾が細長い」のに「中茎が短く」「アルカリ崩壊する」など、いわば組み換えられた品種の数は少ないということだ。そこで岡先生は、前者を「熱帯ジャポニカ」、後者を「温帯ジャポニカ」と呼ぶことにした。

その後わたしは二つのジャポニカのほかの性質も調べてみた。すると、以下のような興味あることがわかった。ひとつは、熱帯ジャポニカは背が高く穂や葉も長く、それにつれて株分かれしにくいこと、温帯ジャポニカはこれと反対の性格を持つことである。農学の分野では、前者の型を穂重《ほじゅう》型、後者の型を穂数《ほすう》型と呼んでいる。そして、肥料分の少ない、あるいは環境が一定しない条件下では穂重型が収穫をあげやすく、反対に肥料分が豊富で環境が一定する条

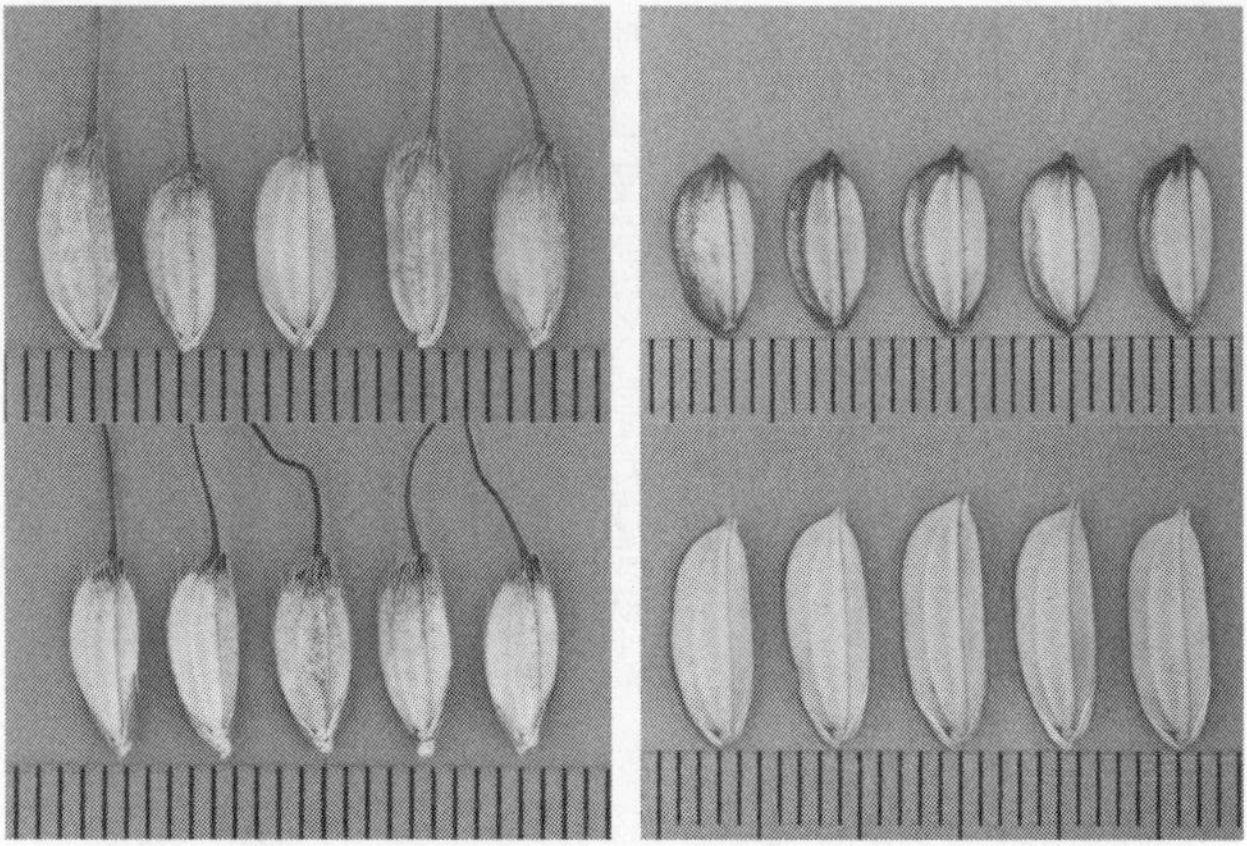

1—12　熱帯ジャポニカの芒の有無　左列はインドネシアで採取した芒のある品種、右列はラオスで採取した芒のない品種

件下では穂数型が収穫をあげやすいとされている。これについては第3章で述べる。

熱帯ジャポニカは、その地域によりさらに二つに分かれる。ひとつは大陸部東南アジアに多いもので、籾や葉に毛がなく、また籾の先端の芒《のぎ》のないのが特徴である。このタイプはまたモチ米が多い。もういっぽうは島嶼《とうしょ》部に多いもので、反対に芒のあるものが多く、また籾や葉の毛がよく発達している。大陸部の熱帯ジャポニカには、とても変わった性質を持つものがある。護穎《ごえい》という、籾の下のほうにあって籾を外から囲うようにつく器官が、通常よりはるかに長く発達するタイプである。これなどはよく目立つ性質なので、これらが遺跡から出土すれば熱帯ジャポニカの存在証明となる。

二つのジャポニカを区別するDNAマーカも知られている。出土する遺物からDNAをとる

DNA考古学の方法も少しずつ進歩してきていて、新たな進展もみられる。これによって、遺跡から出土する遺物の遺伝的な性質がさらに詳しくわかるようになる。これについては次項に述べる。

ところで、熱帯ジャポニカはなぜ「熱帯」の語を冠するのか。その答えは岡先生の初期の研究にある。岡先生は三六ページに紹介した論文のなかで、ジャポニカを二つに分けている。当初彼はインディカ、ジャポニカという名称は使わず、大陸型、島型と呼んでいた。両者の分布の中心が、アジア大陸と島嶼部にあるようにみえたからだという。そしてその島型を、温帯島型と熱帯島型に分けたのだ。その後岡先生はなぜか大陸型、島型の名称をやめて、インディカ、ジャポニカと呼ぶようになった。二つの島型は、自動的に二つのジャポニカになった。熱帯島型は熱帯ジャポニカになったことは先に書いたとおりである。

岡先生の時代、研究に使われた材料の産地は限られていた。中国奥地からインドシナにかけての材料はほとんど入手できなかった。第二次世界大戦が終わった一九五〇年代、はじめての調査チームがようやくインドシナ奥地にわけ入った。その後もこの地域での調査や研究が進み、その結果「熱帯型」が必ずしも熱帯に分布するわけではないこともわかってきた。とくに、インドシナ半島の山岳地帯から中国南西部に陸稲栽培の熱帯ジャポニカが多いことは、八〇年代から九〇年代にかけての新たな発見であった。この発見が、先の熱帯ジャポニカが粗放な栽培に向くとの結果を導き出したのである。

この熱帯ジャポニカはいつどこで生まれたのだろうか。じつはこの問いに対する答えは定まっていない。わたしは長江の流域で生まれたジャポニカが熱帯ジャポニカであったのではないかと考えている。水田稲作に適合する温帯ジャポニカは、良渚《りょうしょ》文化期ころ、四〇〇〇年ないし四五〇〇年前に、同じく長江流域で生まれたのであろう。

日本の熱帯ジャポニカ

さて、「気配と情念の時代」のイネには、熱帯ジャポニカが含まれていた[23]。どれくらいの割合で二つのジャポニカが混ざっていたのか。現段階では、真っ黒に炭化した種子（炭化米）のDNA分析も行われているが、開発されたDNAマーカの一部がまだ遺物には適用できず、現存の材料ほどの精度での判定は困難である。現段階では、花森功仁子《はなもりくにこ》による分析と、田中克典《たなかかつのり》らの分析の二つがある。花森さんによると、これまでに分析した弥生時代の炭化米のうち、DNAが増幅できたのは二二遺跡の三四二個であった。そしてそのうち熱帯ジャポニカと推定されたものは九一個あったという。いっぽう、田中さんらは、佐藤敏也が一九六〇年代から集めた炭化米の一部を使って分析をしている。分析した個体数は一八点と少ないが、このうち熱帯ジャポニカと判定されたものは二点あったという。比率からいうと佐藤敏也のコレクションには熱帯ジャポニカの比率が低かったが、サンプル数が少ないのでなんともいえない。いずれにしても、この時代のイネのなかには温帯ジャポニカに混じって熱帯ジャポニカがあったことは確かである。

DNA分析のこの結果を支持する結果が、プラントオパール分析からも得られている。宇田《う だ》津徹朗《ってつろう》は、宮崎県都城《みやこのじょう》市の坂元《さかもと》A遺跡と大阪府の池島《いけしま》・福万寺《ふくまんじ》遺跡で、縄文時代晩期から中世にいたる時期にかけて栽培されていたイネのプラントオパールの形状の変化を詳細に調べ、「基本的には、熱帯ジャポニカのイネが中心的に栽培され、その後、温帯ジャポニカへ変化してきた」と述べている。(24) プラントオパール分析はDNA分析に比べて品種を区別する精度はそれほど高くないが、時期と場所を超え網羅的に調査する点でははるかに優れている。

いま、二つの方法を合わせて分析の精度と汎用性をさらに高めようという試みも始まっている。それが、プラントオパールの粒子のなかに封じ込められたDNAを取り出して分析するという方法である。技術的にはまだ克服すべき課題も多いが、いずれこの技術が使えるようになれば、その効果は計り知れず大きなものとなるだろう。

話が脇にそれたが、それではこれら熱帯ジャポニカはいつどこから日本列島にやってきたのだろうか。じつはこれにも定説というべき説はまだないが、わたしはいままでに得られた知見から、熱帯ジャポニカが「南からの経路」によってやってきたのではないかと考えている。詳細は省くが、日本各地の在来品種のなかには、熱帯ジャポニカが持ち込んだと思われる遺伝子が、頻度は低いながらも残っている。素直に考えれば、南からの遺伝子移入は間違いなくある。

ただし、イネ（栽培イネ）の起源地は長江流域であるとの現在の仮説に大きな変更はあるま

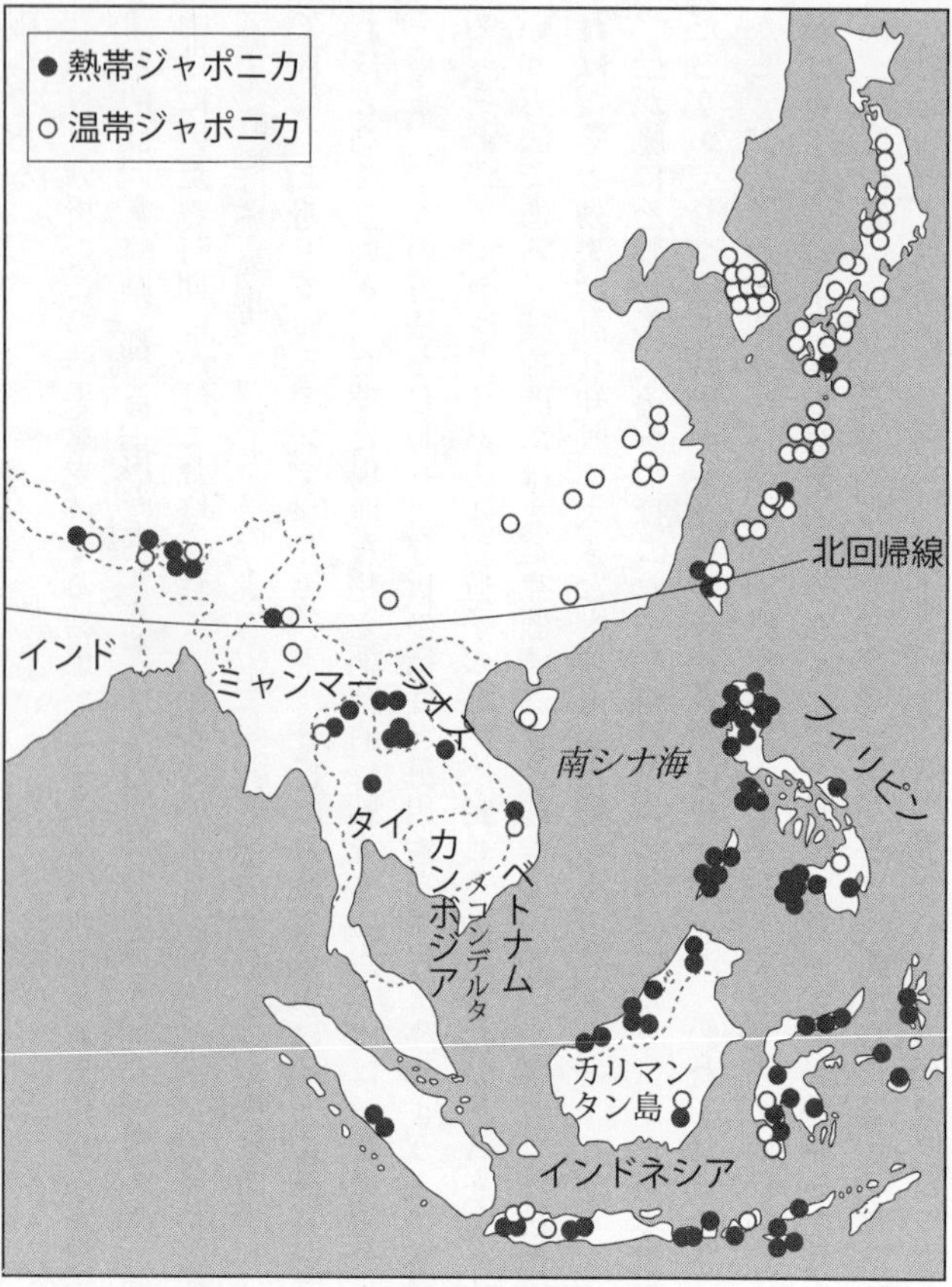

1—13　熱帯ジャポニカの分布（佐藤、1992）

い。とすれば、南回り経路の矢印の根元も、どこかで長江流域につながっているとみなければならない。そしてその時期は、稲作が始まった数千年前〜一万年前という時期をそれほど大きくさかのぼることもないだろう。長江流域で生まれた直後のジャポニカのイネのうち南に進んだものがいまの熱帯ジャポニカとして成立し、その後同じところで生まれた温帯ジャポニカとは地理的に隔離された、と考えるのがひとつの考え方であろう。むろんさらに想像をめぐらすことは不可能ではない。長江流域の野生イネが、いつ、どのようにしてそこに伝わったかを考えてみる。野生植物である野生イネを運ぶのは、普通に考えれば、水や風、あるいは昆虫などの動物である。そして人もまた、野生植物を運んだ。農耕民が野生植物を運ぶことはいくらでもあったことだが、農耕以前の狩猟採集民とて野生動植物を運ばなかったわけではない。長江流域でジャポニカのイネを栽培化した人もどこからかやってきたのに違いないし、またその野生イネも、彼らが運んできた可能性がある。では、それはどこから運ばれてきたのか。

ジャポニカ型の野生イネは多年生の性質を持つ。そして、そのもっとも古いタイプとみられる強い多年生を示す系統が、メコンデルタやカリマンタン島など、南シナ海沿岸部を中心にみられる。[25] 南シナ海は、その大部分が水深四〇メートルに満たない浅い海である。氷河期には海のほとんどは陸化していたと思われる。根拠のある話ではないが、間氷期の海面上昇の時期、つまり南シナ海が現れ拡大した時期に、人びとが難民化して北上し、いまの長江流域に到達したのではないか。そのときに携えたイネが、その後そこで栽培化されていまのジャポニカになったと考えてはどうか。とすれば、ジャポニカの集団には、「南」の遺伝子が残されていて不思議はない。それら「南の遺伝子」が熱帯ジャポニカとして日本列島に運ばれたとの想像も不可能ではない。

なお、二つのジャポニカの間には生殖的隔離は発達しなかった。つまり両者の間に生まれた雑種は正常に育ち、また種子もきちんと残す。だから、日本国内に昭和時代まで残っていた在来品種のなかには、二つのジャポニカの中間的な性質を示すものがかなりの数みられたのである。詳細は『稲のきた道』(26)に書いたので繰り返しは避けるが、同書に示した図（熱帯ジャポニカの遺伝子を持つ在来品種の分布）を図1―13として再録しておきたい。

道具からみた米食文化

臼と杵

収穫した米は、調理の前に籾がらを外す必要がある。この作業は、籾摺《もみす》り、または脱稃《だっぷ》という。わたしが知る限り、籾のままの米を調理する文化はあっても、そのまま食べる文化は世界のどこにもない。ではこの時代、人びとはどのようにして籾摺りをしたのか。むろん書かれた記録――文書――のない時代のことなので、文書を読み解く文献史学の方法に頼ることはできない。残された方法は発掘によって得られた考古資料に頼るか、または世界各地のさまざまな文化が持つ調理法になぞらえて考えるかである。いずれにしても、当時の米料理の方法は類推によるしかない。

世界の民族事例をみる限り、籾摺りに使ったであろうと推察される道具は臼と杵である。石臼がないわけではないが、米食が広がってからは、木や土の臼と相棒としての木の杵である。一本の長い木でできた縦杵、短めの杵に直角なハンドルをつけた横杵など、さまざまな形のものがある。インドシナの山地部にはいまも、横杵のハンドルを長くしてかつ足踏み式に変えたものがある。

杵と臼を使って籾を搗《つ》くとどうなるだろう。静岡市の登呂《とろ》博物館で杵と臼の使い方を体験してみた。当時の稲刈りは穂刈り、つまり穂だけを刈り取って穂束として保存しておいたようだ。すると、籾摺りの前に、籾を穂から外す「脱穀」という作業が必要になる。しかしそれは煩雑なので、東南アジアなどでは穂のまま籾摺りすることもある。わたしもそれに倣ってみた。

一〇本か二〇本ほどの穂を束ねた穂束を木臼に入れる。それを縦杵で数回搗いてやると、大方の籾が穂から離れて臼に溜《た》まる。穂束の上下を返しながら二、三回同じことを繰り返すと、ほとんどの籾は穂から外れるので、籾の外れた穂（穂軸という）を取り出し、残った籾をさらに搗く。杵は重いので、無理にたたきつける必要はない。持ち上げた杵の手を離せば、その重みで作業は進んでゆく。

四、五分作業したところで臼の中身をのぞいてみると、籾がらが外れて玄米のようになった

1—14　ラオス・ナムガ村の米搗き臼

米と砕けた籾がらや米粒、まだ籾つきの状態の米粒などが混ざりあっている。これをすくい取って箕《み》に入れ籾がらや砕けた米粒などを吹き飛ばす。残りを臼に戻してさらに米を搗いては余計なものを吹き飛ばす作業を繰り返すと籾がらはほぼ外れてくる。米のほうは、胚芽の部分だけが外れた胚芽米のようになったものや、玄米の表面がまだらの状態に剝《む》けたような米粒などが混ざりあった状態になっている。つまり、臼と杵で米搗《こめつ》きをしても玄米はできない。この作業では、籾摺りと精米の工程が同時に進むのである。

この作業は、東南アジアの山地部などではいまも行われている。ラオス中部、旧都ルアンパバーン郊外のナムガ村でみたことを書いておこう。夕刻になると、各家の子どもたちがざるに入れた籾を持って、村の共同米搗き場にやってくる。子どもたちは籾を臼に入れると、足踏み式の杵で搗きはじめる。わたしもやらせてもらったがなかなか力の要る、かつバランスをとるのが難しい作業であった。何回か搗くと子どもたちは臼のほうにまわり、内容物をかき出して箕に入れる。かき出しに使っていたのはヤシの実の殻を半分に割ったものだった。

箕に移された内容物は籾がらを外された米と籾がらとに分かれているが、米粒をよくみると一部搗かれて部分的に精白された状態になっていた。飛ばされた籾がらや砕けた屑米《くずまい》などは家畜の餌になっている。さきほどから米搗き場の周りにはアヒルや鶏のひな、子犬、子豚などが集まってきていて、思い思いにそれらを食べている。ピーピー、ガーガー、ブーブーとにぎやかなことこのうえない。いまの日本ならば砕けた籾がらや屑米などは単なるゴミにすぎないが、ここでは無駄なものはひとつもない。

１―15　復元した搗米　白くみえる部分は胚（はい）や残った糠（ぬか）の部分

搗米という米

できた米を改めてみてみよう。きれいな白米状の米粒はほとんどなく、大半が糠《ぬか》の部分がまだら状態に残された米になっている。わたしはこの状態の米が、「くろごめ」、漢字にすれば糲、あるいは「あらごめ」（粡）ではないかと考える。また奈良時代の文書などには「舂米《しょうまい》（搗米とも）」の語がみえるが、たぶんこれがこのくろごめなのであろう。くろごめの「くろ」は、もちろん黒（ブラック）の意味ではない。腹がくろいの「くろ」、犯人の意味での「クロ」である。そしてのちの時代に現れる精米の過程を経てできた米が白米。古い字では粲（さん、しろごめ）である。糲ないし粡を粲にする、いまでいう「精白」の過程が、米を磨く過程である。

この時代の人びとの米は搗米であったと考えられる。よく、「弥生人は玄米を食べていた」などという説明を目にすることがあるが、それはおそらく事実ではない。玄米を作るのは、籾摺り器ができてからの高度な技術が必要だったのである。

この仮説を実証する手立てはなかなかないが、考古遺跡から出土する炭化米のなかに、搗米を思わせるまだら模様をした米粒がまれにみつかることがある（図1―8上）。炭化米とは、遺跡から出土した真っ黒に変色した米粒をいうが（二二ページ）、胚《はい》の部分が欠けた状態になっているものが圧倒的に多い。いったいどうしてだろうか。ひとつの可能性は、長い時間の間に胚の部分だけが委縮してしまってあたかも欠けてしまったかのようにみえることだが、もうひとつ、それが「搗米」の状態で保存されていた可能性もある。

第2章　水田、国家経営される――自然改造はじまりの時代

この時代は稲作が社会を支えるまでに広まり、それにつれて大掛かりな自然改造が始まった時代である。自然改造は、前方後円墳の造営に始まる。あわせて、古市大溝《ふるいちおおみぞ》、難波津《なにわづ》の掘削などの土木工事が進められたが、それはまさに原始の森を切り開いて水田という装置を広める大自然改造になった。これらの工事は大量の労働力を要する作業で、稲作拡大の牽引力《けんいんりょく》となった。生産された米が、労働力を支えた。稲作の拡大とこの自然改造とがあいまって日本列島を稲作列島に、その食文化を「米と魚」を基軸とするものへと作り変えていった。社会の制度もそれに合わせて整備されていった。法制度のおおもとは中国からの輸入であったとしても、そこには水田稲作国家ならではの特徴がある。「和」の登場である。

稲作、列島に広がる

国を作る

「気配と情念の時代」は、稲作や米食が、政治単位、経済単位としてのクニを成立させる道具として使われ、それが実現したところで終わりを告げる。列島は、このときどうなっていたのだろうか。

魏志倭人伝《ぎしわじんでん》という記録が残されている。中国の周辺の勢力について記述した一連の文書のひとつで、『三国志《さんごくし》』のなかにある。総文字数二〇〇〇字程度の短い漢文で、もちろん詳しいことはわからない。『三国志』の成り立ちを考えると、「倭人」の国としての邪馬台国《やまたいこく》が中国側に認識されていたと考えるのがよい。中国側に特使を派遣したり朝貢したりしていたわけだから、国家としての体をなしていたことは確かである。

邪馬台国はいくつかの小さなクニの連合体であったようだ。魏志倭人伝の記述を読む限り、クニは、人口は数千から一万程度、面積はいまの日本の中規模の市程度の大きさであったかに思われる。この時代の日本列島は大いに乱れた時代だったらしい。クニグニの統一の過程で、戦争が繰り返されていた。

攻めるにしても守るにしても、戦いには食料が要る。ちょっとしたいさかい程度のことならばともかく、大規模な戦闘ともなれば平時をしのぐ量の食料が要ったはずである。戦力は、平時には生産に従事していた労働力だったからだ。エネルギー源として考えうるのは、米（イネ）などの穀類、クリやドングリなどの堅果類、そしてタロイモ、テンナンショウなどの根栽類、くらいのものだろうか。これらを、収穫物一〇〇グラムあたりのカロリーで比べると、穀類はどれも三三四～三六七キロカロリーであるのに、イモ類は五八～一二三キロカロリーしかない。後の時代に渡来したサツマイモでも一三四キロカロリーがやっとである（表2―1）。戦いのための兵糧として考えれば、穀類の優位性はゆらぐことはない。

加えて、灰汁抜きなどの手間を要するもの、貯蔵に不利なものや生産性が低いもの、料理に

2―1　穀類のカロリー

穀類	kcal/100g
玄米	353
七分つき米	359
精白米　うるち米	358
精白米　もち米	359
精白米　インディカ米	369
こむぎ［玄穀］国産　普通	337
こむぎ［小麦粉］薄力粉1等	367
ライむぎ　全粒粉	334
そば　そば粉　全層粉	361
とうもろこし　玄穀　黄色種	350
アマランサス　玄穀	358
あわ　精白粒	367
おおむぎ　七分つき押麦	341
きび　精白粒	363
はとむぎ　精白粒	360
ひえ　精白粒	366
もろこし　玄穀	352
イモ類	
さといも	58
たけのこいも	103
みずいも	117
やつがしら	97
いちょういも	108
ながいも	65
やまといも	123
じねんじょ	121
さつまいも　皮むき	134
さつまいも　皮つき	140
じゃがいも	76

『7訂日本食品標準成分表』による。米はすべて水稲穀粒、イモ類はすべて塊茎または球茎・生

時間を要するものなどを除外すると、結局残るのは穀類である。そして、日本列島の近畿以西の地域で栽培されていた可能性のある穀類はといえば、最後は米に限定されてくることだろう。国の統一の過程は、水田稲作と米食への収斂《しゅうれん》の過程であった。

北進、東進のプロセス

イネはじめ作物の伝播《でんぱ》には、人間の意図が強く関与する。いくら自然の要素が受け入れ可能であっても、人間社会がノーといえばその作物が定着することはない。反対に、人間社会が稲作を導入しようとすれば、社会はそのためのあらゆる努力を払うだろう。北海道に導かれた稲作はまさにこれにあたると、フランスにあって長く日本の風土を研究し、北海道開拓使をテーマに学位論文をまとめているオーギュスタン・ベルク(1)は言っている。まずは事実からみてゆこう。

国立歴史民俗博物館が発表した、日本列島各地における水田稲作の伝播時期を示す地図（図1―2、五ページ参照）はじつに示唆的である。これによると最初の稲作は北部九州に伝わった。その時期は約三〇〇〇年前である。その後、水田稲作はその後ゆっくりと東進し、近畿地方には二六〇〇年ほど前に到来している。その後、北陸地方をかなりの速度で北上し、近畿地方に到達してからわずか二〇〇年ほどで本州最北端に達している。前章にも書いたように九州から近畿まではほぼ同じ緯度帯に属するので、北進という意味あいでは北緯三五度から四一度に達するのに二〇〇年を要したということになる。

それから先の伝播もまた、興味深い。地図によれば、稲作はその後東北地方の太平洋側を南下して関東平野に達しているかにみえる。これに要した時間は二〇〇年。北進と同じ時間を要したことになる。

さて、こうした伝播の様相を吟味してみよう。先に、三〇〇〇年ほど前、水田稲作が北部九州に渡来した際、屯田のようなシステムがあったのではないかと書いた。九州同様、それ以外の地域にも先住の人びとがいたことだろう。ならば、大陸から九州に渡る過程も、九州から東進する過程も、困難は同じだったことだろう。東進、北進の困難さの一片は、たとえばヤマトタケルノミコト（日本武尊）の「東征」の物語にも現れる。ヤマトタケルはゆく先々で「抵抗勢力」の激しい抵抗にあい、いのちをつけ狙われる。伝説に残る土地は相模《さがみ》または駿河《するが》（焼津《やいづ》）、それに伊吹山《いぶきやま》など、いまなお交通の難所となっている場所である。

ヤマトタケルの説話は『古事記《こじき》』や『日本書紀《にほんしょき》』に登場するが、その物語をすべて史実とすることはできまい。しかし、物語の背景にあるのは、稲作勢力の東進とそれを阻もうとする勢力との軋轢《あつれき》であろう。抵抗勢力となったのはおそらくは狩猟採集を主たる生業《なりわい》とする集団であった。当時の日本列島は、農耕への依存度を異にする集団が混在していたものと思われる。農耕依存度の低い、あるいは水田稲作を持っていなかった集団の人類学的な位置は必ずしも明らかではないようだ。おそらく、彼らにはひとつにまとまった強力な政治勢力はなかったのであろう。ともかくも、水田稲作を持つ集団が「一枚岩」で怒濤《どとう》の如《ごと》く東進、北進を続けたのに対し、先住者はひとつの勢力としてそれに対抗することはできなかったのであろう。水田稲作の文化は、おそらく、一面では侵略の形をとりつつ、他面では文化融合の形をとって東へ、北へと浸透していった。

北進を阻んだ自然条件

稲作が九州から東北北部にまで進む間に、イネには何が起きたのだろうか。五五ページの図2—2は、東北から九州にいたる各地の品種を京都で栽培したときの開花の日をまとめたものである。この実験で使った品種の多くは在来品種、つまり組織的な品種改良が始まる前からそれぞれの土地で栽培されてきた品種である。これらのなかで一番早く花を咲かせた早生品種の開花日は七月上旬であった。いっぽう一番晩生であった品種の開花日は九月下旬であった。つまり、最早生の品種と最晩生の品種の間では、開花日に二か月以上の開きがある。

地域ごとにみてみる。東北地方の品種はその平均値からみて六地域のなかで一番早生であった。一番晩生の品種でも八月末には開花した。いっぽう西日本の品種、つまり近畿、中国・四国、九州、奄美《あまみ》・沖縄の品種は多くが晩生である。平均値を比べてみると、地域間に大きな違いはない。しいていえば、奄美・沖縄の品種はむしろやや早生である。近畿から九州にかけての地域はその緯度からいえばおおむね三三度から三五度とそれほど変わらない。すでに述べた

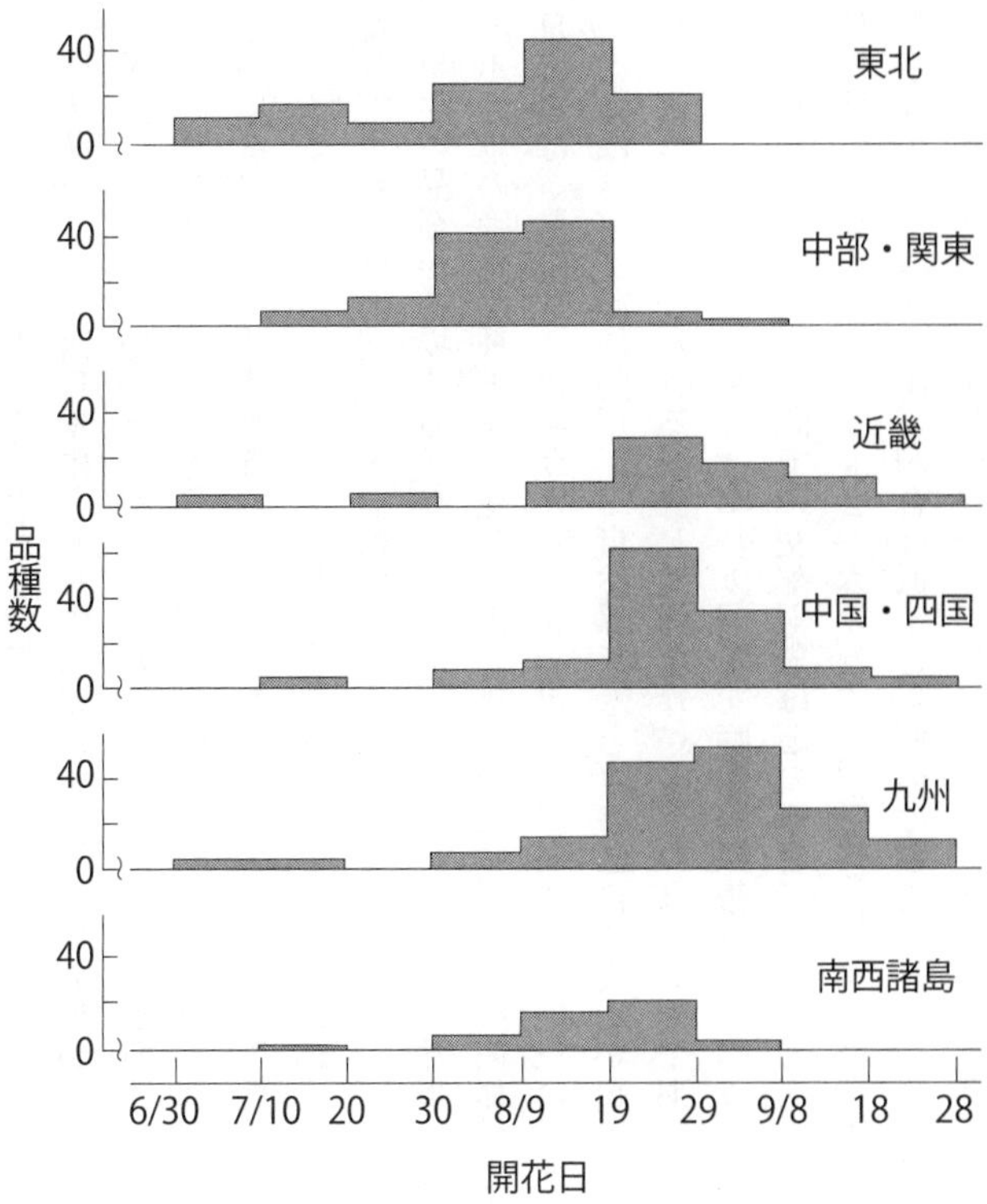

2―2　在来品種の開花日（佐藤、1992）

ように開花日は緯度（つまり日長時間）に強く依存する。

興味深いのは、西日本にも七月中に開花する早生の品種がごく少数ながらあることだ。これらがいつからこの地にあったのかはわからないが、イネが日本に渡来したときにはすでに存在していたのだろう。もしそうなら、東北地方の早生品種はこれらがそのまま持ち込まれた可能性がある。早生品種は西日本で栽培すると生産力はきわめて低いのが普通で、すぐに姿を消してしまうことだろう。にもかかわらずこうした早生の品種が残っているのは、それが消えては現れ、現れては消えることを繰り返してきたからだろう。

早生の品種が登場するメカニズムについて、わたしは、熱帯ジャポニカの晩生品種と温帯ジャポニカの晩生品種とを交配して得た雑種後代に、早生の個体が出現することをみつけた(2)。西日本には、温帯ジャポニカと熱帯ジャポニカが混在していたのであろうと思われる。

イネは自家受粉作物だが、自然界でもときどき自然交配が起きている。その確率は一ないし数パーセントといわれる。決して起きないことではないのである。いま二つの品種XとYを考える。Xは晩生の温帯ジャポニカ、Yを晩生の熱帯ジャポニカと仮定しよう。XとYの開花時期が同じなら、両者の間での交配も先ほどの割合で起きるであろう。いったん交配が起きると、孫の世代に約六パーセント（一六分の一）の確率で早生の株が出現する。六パーセントという数字は小さくみえるが、割合は低くとも個体の数でいうと、決してまれなこととはいえなくなる。一パーセント（他家授粉率）の六パーセントは一万分の六にすぎないが、一〇〇平方メートルの水田を考えると、そこにできる籾の数は、現代の水田では一六〇万粒にもなる。当時の平均収量をいまの三分の一として約五〇万粒。一〇〇平方メートルの田にできる種子（籾）の一パーセント、ざっと五〇〇〇粒は雑種の種子である。そしてその六パーセント、三〇〇粒は早生の株になる計算である。

「気配と情念の時代」からいまに至るまで、品種間の自然交配は起こり、早生の株が出現しては消え、そして消えては出現してきたのだろう。なお、早生の株を出現させる交配組み合わせはここで書いたもの以外にも存在するが、ここではその説明は割愛する。

稲作の盛衰をもたらしたもの

気候変動は稲作に影響を与えるか

さて、この当時の社会と稲作はどの程度の安定性を持っていたのだろうか。この時代のはじまりのころ、日本列島は「大いに乱れた」ことは先にも書いた。国が乱れた理由について、最近は環境変動との関係がしきりと研究されている。一九八〇年代ころから、地中に残された植物の花粉を取り出してその種《しゅ》を判定する「花粉分析法」が盛んに用いられるようになった。日本でも、安田喜憲《やすだよしのり》らのグループが年代のはっきりした遺跡などの土壌から取り出した花粉を使って、その時代、その土地の植生を推定した。植生の変化は気候の変化を反映する。こうした研究の積み重ねから、安田さんたちは、気候の変動と農業生産はじめ社会の大きな変化との関係についての原則を明らかにしていった。

その後、気候変動の様相をより明確にする方法が次々と開発されてゆく。光谷拓実《みつたにたくみ》らは木材に刻まれた年輪の間隔が不均一なことに注目し、その原因を探った。年輪の間隔の変動には、その樹木個体がおかれた環境の変化のほかに、もっと広域での環境の変化、たとえば気候の変化などが影響する。一般には、年輪の間隔は温暖・多雨などの環境下では広くなり、反対に寒冷・乾燥の環境下では狭くなると考えられる。広域での変化の場合、複数の個体の年輪幅のパターンに共通の変動が認められるはずである。こうした理屈に基づき、光谷さんは任意の二本の大径木（直径の大きな樹木）の年齢差を明らかにすることを考えついた。あとは、どちらかの樹木の生年または没年がわかれば他の生年と没年がわかる。ある樹木の生年を知るのは困難だが、没年は場合によっては明らかになることがある。たとえば、伐採された年が明らかな巨樹の切り株の場合、一番外側の年輪が伐られた年の年輪になる。

中塚武《なかつかたけし》らは、年輪の縞《しま》と縞の間の組織から酸素の安定同位体などを取り出す方法を開発した。この方法と先の光谷さんらの方法をうまく組み合わせることによって、年代値の誤差をゼロにすることに成功したのである。誤差ゼロの方法という点では、年縞《ねんこう》といわれる、古い湖の湖底に堆積《たいせき》する泥が作る縞模様《しまもよう》を使う方法が先の安田さんたちのグループによって開発されている。ただし、年縞がみられる湖沼は限られている。これまで、気候の変動は、たとえば遺跡などの地層の土から得られた試料によって評価されてきた。この方法では、当該の地層がいまから「およそ何年前」のものかがわかる。つまり推定される年代値にはある幅の誤差が生じる。誤差がゼロになったことで、新たな発見も生まれた。たとえばそれまではある時代は寒冷な時期であるとか、反対に温暖であるとかの理解しかできなかったものが、「ある年の気候」を明らかにできるようになった。また、そうした理解に基づいて、「変動の大きな時期」、あるいは反対に「安定した時期」の存在を知ることもできるようになった。

気候が大きく変動する時期、反対に安定する時期があったことを見出したところは新しい考え方であろう。近世に入ると、生産の不安定な時期と安定な時期が交互にやってきた事例もあって、不安定な時期には飢饉《ききん》が多発している(3)。変動が大きいと社会が疲弊し、同じレベルの災害でも大きな飢饉に結びつく、ということだろうか。

けれども、社会の安定性や農産物の生産性の変化を気候変動だけで説明できるわけではない。たとえば気候の変動が大きくなったからといって、それにより生産性が必ず落ちるものだろうか。生産性が低下すれば、戦争などかえってできなくなるのではないか。二つの事象間の因果関係を証明することはそれほど容易ではないと考える。大切なのはこれからの研究である。

因果を考える

詳しくみてみよう。寒冷化は倭国《わこく》大乱をもたらしたのだろうか。「寒冷化が社会の混乱をもたらした」という説明は常識的に考えるとわかりやすい。寒冷化がイネの生産を落とし、不足する食料に人びとが群がり、それは時として略奪などの行為になり、それらが拡大して武力での戦いになり国や地域全体が混乱に陥る、といったストーリーが描かれてきた。なるほど寒冷化が起きれば（A）、生産力は落ちる（B）かもしれない。生産力が落ちれば（B）、食料不足になり（C）、ムラ間で取り合いになる（D）かもしれない。そしてそれは略奪などの行為（E）につながるかもしれない。そしてそれらの行為が大掛かりな武力闘争（F）に発展するかもしれない。

しかし、これらをみなつなげて、寒冷化（A）が武力闘争をもたらす（F）というのはあまりに短絡的である。むろん、その可能性がないわけではない。けれどもよく考えれば、AとB、BとCなど隣接する事象の間では比較的高い確率でA→B、B→Cなどの関係が成り立つとしても、しかし、Aが起きたからといって必ずBが起きるとは限らない。二つの事象の間の関係は、物理的な現象を含めてほとんどの場合、確率事象なのであって、Aが起きれば一〇〇パーセントの確率でBが起きるとは限らない。自然現象でさえ、確率一〇〇パーセントというのはむしろ例外的である。いっぽんに、人間や社会が関係する事象の場合、この確率は低くなる。するとA→B→C、A→B→C→Dのように、間にいくつもの事象が挟まる場合、そして間に挟まる事象が増えれば増えるだけ、確率はどんどん低くなる。仮に、隣接する二つの事象の間で、それが起きる確率が九〇パーセントと高くとも、これを五回繰り返せばその確率は五九パーセントにまで下がってしまう。
これと類似のことが、江戸時代の噺《はなし》に由来する「風が吹けば桶屋《おけや》が儲《もう》かる」の物語からも読み取れる。この物語でも、最初と最後の二つの事象の間にいくつもの事象が関係している。風が吹く↓砂埃《すなぼこり》が舞って眼に入る↓眼病が流行《はや》り失明者が増える↓三味線弾きが増える↓三味線が売れる↓三味線の材料に使われるネコが獲られる↓ネズミが増える↓増えたネズミが桶をかじる↓桶屋が儲かるという具合である。隣接する二つの事象の間には、なんとなく因果関係が認められそうである。しかし、風が吹くことと桶屋が儲かることの間に因果関係は認めがたい。

加えて、過去の時代、いまを生きるわたしたちの知りえない事象があったことも記憶にとどめておきたい。たとえば稲作をめぐる災害のなかで特筆すべきものに「ウンカ」による害があげられる。ウンカは一六六ページにも詳述するが、体長数ミリに満たない昆虫で、その大群が突然来襲してイネを食い荒らしてしまう。そして収穫皆無という恐ろしいできごとが過去に幾度も起きている。近世以降にはウンカの害が克明に記されるようになるが、もっと前の時代、とくに本章の時代にいつどの程度のウンカの害があったかなど、知る由もない。ウンカ発生と気候の関係も明確ではないし、しかもウンカは中国中南部から飛来するので、中国側の事情も大きく影響する。このように、社会を大きな混乱に陥れたイベントのすべてがわかっているわけではない。

食料生産と戦乱との関係に戻ろう。たしかに、食料が手に入らなくなると社会はなんとかしてそれを手に入れようとするだろうが、武力をもって隣のクニを攻めるには「兵站」、つまり食料を含む物資の調達が不可欠である。激しい戦闘を勝ち抜くための食料をどこから入手したのだろうか。偶発的な小競り合い程度の戦いならいざ知らず、集団の存亡をかけて戦う大規模な戦闘である。大規模な戦闘は、むしろ、食料に余剰があるときのほうが起きやすかったのではなかったのか。

たしかに、外からの力、たとえば海を渡ってやってきた新たな集団が緊張をもたらしたケースもある。しかし外来の彼らも、十分な兵站を持って、つまり武力を背景にやってきたと考えるのが自然である。むろんなかには命からがら、いわば「片道切符」でやってきた集団もあったかもしれないが、どちらの場合も、朝鮮半島や中国大陸の情勢が強く関係していることだろう。大陸や半島で何が起きていたのか。さらには大陸のはるか奥部で何が起きていたのか。具体的には遊牧社会の動きはどうだったのか。そしてその動きのもととなったのは何か。その「もととなった何か」には、むろん気候の変動や水事情の変化が含まれる。けれどもこれら一般に自然現象と呼ばれるもののなかには、人と自然が複雑にからまりあった一種の「連鎖の環《わ》」のようなものがある。究極の原因などというものは存在しない。因果関係には終わりがない。二つの事象を因果関係で結びつけることにはもっと慎重でなければならない。食料をめぐる社会の混乱、戦乱の原因はそれほど簡単なものではないように思われる。

稲作の経営学

国作りは古墳作り

わたしは子ども時代を大阪府の南部で過ごしたことがある。小学校の低学年のころは、家の庭から、いまでは誉田御廟山《こんだごびょうやま》古墳と呼ばれている応神《おうじん》天皇陵がまぢかにみえた。小学校へは、仲哀《ちゅうあい》天皇陵（学会の名称では「岡《おか》ミサンザイ古墳」）をみながら通った。こうした巨大古墳以外にも小さな古墳がいくつもあった。住宅街の真ん中にも直径二〇メートルあまりの丸い形をした円墳があって、地元では「陪塚《ばいづか》」と呼ばれていた。住宅街の周囲は、ゆるやかな傾斜地に田んぼが広がるのどかな田園地帯だったが、そこかしこに大小さまざまな古墳が点在していた。なかには周囲の環濠《かんごう》もなく、子どもたちの格好の遊び場になっているようなものもあった。

のちにわたしは自分が住んでいたところが「古市《ふるいち》古墳群」と呼ばれる日本でも有数の古墳地帯の中心にあることを知った。多数の古墳がかたまって分布する地域はほかにもある。ひとつは箸墓《はしはか》古墳を擁する奈良盆地にある古墳群である。造営は三世紀後半ころに始まったようである。奈良盆地と大阪平野を隔てる山地を西に抜けたところにあるのが古市古墳群で、五世紀から六世紀を中心に作られた一二〇基以上の古墳からなる。そしてそのさらに西、大阪府の堺市《さかいし》一帯にあるのが百舌鳥《もず》古墳群で、やはり一〇〇基を超える古墳が、古市古墳群のそれとほぼ同じころに造営されたようだ。そして、二〇一九年、古市と百舌鳥二つの古墳群は、「百舌鳥・古市古墳群」として世界遺産に登録された。

この時期の日本列島の古墳のうち大きなものは、「前方後円墳」といわれる特殊な形を持つ。この形はほぼ日本に固有で、その意味ではこの造営技術は「国産」である。広瀬《ひろせ》和雄《かずお》によると三世紀中ごろから七世紀はじめごろに北海道・北東北と沖縄諸島を除いた日本列島に造営された前方後円墳は、約五二〇〇基あるという。

2—3　空から見た古市古墳群（写真・読売新聞社）

これだけの造作を進めたのは誰か。これについては直木孝次郎《なおきこうじろう》が「河内政権《かわち》」として提唱し、のちに上田正昭《うえだまさあき》が「河内王朝」と呼んだ政治勢力であると考えるのがよい。この出自については、旧来の大和《やまと》の王権の出張という説から、のちに書く江上波夫《えがみなみお》の「騎馬民族渡来説」(4)や九州の勢力によるとする説、さらには大和の王権が瀬戸内《せとうち》を含む西日本で勢力を拡大したという

「自生的河内政権説」などがあると直木はいう。稲作という観点からはわたしはこの直木の説に魅力を感じるが、その当否は歴史学者の意見をまつとしよう。

さて、この「前方後円墳」のうち最大のものは、仁徳《にんとく》天皇陵とされる大仙《だいせん》古墳。墳丘部の全長は四八六メートル、一番高いところの高さが三六メートル、そして面積一〇万平方メートル（二〇ヘクタール）以上にもなる。また使われた土の量は一四〇万立方メートル、一〇トン積みのダンプカーで二七万台分になるという。

太古の土木工事である。詳細はむろんわからない。しかし、先の大林組の試算（九ページ）によると大仙古墳の造営には一日最大二〇〇〇人の労働力が一五年八か月にわたり使われたというのである。推計は一日あたりの労働力を二〇〇〇人と仮定して行われたが、これにはそれほどの根拠があるわけではない。いっぽう、『古事記』は大仙古墳の築営には二〇年の時間を要したと記している。「一五年余り」と「二〇年」には若干の違いはあるが、それでもよく一致しているとみることもできよう。

大林組の試算でも指摘されているように、二〇〇〇人規模の集団を効率よく動かすには土木工事の専門家集団がいたはずだ。専門家集団がいたということは、土木工事が常に行われている必要があった。最近、古代エジプト文明のピラミッドの造営が一種の公共事業ではないかといわれて話題を呼んだ。古墳の建造をはじめとする土木工事にも、それと似た機能が期待されていたのかもしれない。

古墳にはまた、埴輪《はにわ》がおかれていることが多い。素焼きの陶器で、中は空洞、形は円筒形の飾らないものからウマや犬などの動物を模《かたど》ったものまでいろいろである。埴輪は、この時代の初期までは前の時代以来の方法である野焼きで作られていたようだが、後に、須恵器《すえき》の影響を受けて窯焼きになった。埴輪となると一度に大量に準備しなければならない。埴輪製造のための集団が住んだと思われる特殊な遺跡もみつかっているから、埴輪を専門的に作る工房のようなところがあったのだろう。埴輪製造にもまた、専門家集団がかかわることが必要だったとも考えられる。

大仙古墳で使われた埴輪の数は一説に一万五〇〇〇個といわれる。この地域に何百となくある古墳を作るのに、いったいどれだけの数の埴輪が焼かれ、そのためにどれだけの木が切られたのだろうか。これは今後の研究に期待したいと思うが、これだけの土木工事を行い、また大量の埴輪を焼いたのだから、周辺の森は大きく失われてしまったことだろう。そして、その跡地が水田に開かれていったのではあるまいか。

大土木工事がもたらしたもの

古墳もピラミッド同様、大小さまざまなものが、ある時期、ある場所に集中して造営されている。長さが一〇〇メートルを超える前方後円（方）墳は南東北から九州北部にいたる地域に三〇二基造営されたが、このうち二〇〇メートルを超えるものは三五基、そのうちの三二基が畿内に集中している。(5) 古市古墳群と百舌鳥古墳群の現存する古墳だけを対象にすると、長さ一〇〇メートル以上の古墳は二三基である。

これらすべての造営に要した労力と資源量を推定するのは簡単ではないが、古墳造営の作業のうち、盛土などの作業は長さの三乗に比例して大きくなるだろう。いっぽう、濠《ほり》の掘削や葺《ふき》石《いし》の敷設などは面積、つまり長さの二乗に比例する。この前提で計算すると、両古墳群に属する長さ一〇〇メートル超の前方後古墳の造営に使われた土の量の総量は大仙古墳（仁徳陵）の三・三倍ほど。そして古墳本体や周囲の濠などを作るのに開かねばならなかった土地面積は五倍強になる。古墳造営の工事が古墳の体積や面積のみに依存すると仮定すると、これらの造営に要した総時間は単純に考えて数十年を軽く超えるだろう。

この時代、この地にはほかにも大きな土木工事が行われていた。そのひとつは難波江《なにわえ》の掘削であり、もうひとつは「古市大溝」の建造である。古市大溝とはおそらくは五、六世紀ころ古市古墳群のある大阪府藤井寺《ふじいでら》市、羽曳野《はびきの》市一帯に建造された大掛かりな水路で、幅は最大で二〇メートルに達し、また長さも数キロメートルを超えるといわれる。これらの大土木工事には高度な土木技術が必要であった。この技術はやがて、四世紀の建造ともいわれる狭山池《さやまいけ》などの溜池《ためいけ》や灌漑《かんがい》施設の建造へと結実してゆく。

このような大土木工事がなぜ行われたか。とくにこのような大型の古墳がなぜ建造されるにいたったのか。その解釈は研究者によっていろいろだが、王権がみずからの力を誇示するために王墓を作らせたという考え方、そしてエジプトのピラミッドがそうであったように、一種の公共工事として政策的に行われたという考え方などがある。いずれにせよ、この時代の河内王権の勢力圏では、二〇〇年を超える長い時期にわたって、大規模工事が不断に行われていたのだろう。

もうひとつ大事なことは、これらの大工事が、従事した人びとの食を賄うシステムの開発につながっていたであろうことである。いままで、このような観点から歴史をみた研究はそれほど多くない。むろん正確な数字を出すことなど困難と思われるが、ここでは簡単な計算をしてみようと思う。

仮に労働人口を二五〇〇人、一人一日の消費量を江戸時代の市民の消費量と同じ米五合(七五〇グラム)とすれば一日あたりの米消費量はざっと一・八トン、年間を通じて六八〇トンを下るまい。ヘクタールあたりの収穫高が一・五トンならば、それだけで四五〇ヘクタールの水田が必要になる。古墳の墳丘基底部の面積がざっと一〇ヘクタールなので、その四〇倍以上の面積の水田を確保する必要があったことになる。

むろん彼ら従事者に米だけが与えられていたかどうかはわからない。しかし当時の糖質資源として考えうるのは、米以外ならばイモ類やドングリくらいのものであろうか。しかし、小さな集団を支えるだけならばともかく、大きな集団を支えるには米がだんぜん有利である。そしてさらに考えなければならないのは、それだけの数の人に飯を提供するための燃料も大量に必要なところである。

この膨大な量の労働力はどのように提供されたのだろうか。「飯場《はんば》」の遺跡がはっきりしないことから、研究者のなかには古墳造営が季節労働の形をとっていたとの見解があるようだ。夏には稲作に従事し、農閑期にあたる秋から春にかけて古墳造りに参加する。まるで現代における出稼ぎのような形態が当時すでに出来上がっていたのかもしれない。それにしても、冬の間の彼らの食を賄うだけの米の備蓄は欠かせなかったことだろう。半年分とはいえ、米生産のモチベーションは高められていった。

とはいえ、開発された水田はなかなか定着しなかったことだろう。連作による肥料分の枯渇と雑草の増加で、せっかく開いた水田も、すぐ放棄せざるをえなかったものと思われる。新たな水田の開発が企図されたことだろう。埴輪の製造や飯炊きの燃料のための薪炭の確保も必要だった。木は伐られ、森林破壊が続いていた。これら破壊された森林の跡地が、水田に開かれていったのかもしれない。あるいは、水田造成に伴って出た土砂が古墳の土盛りに使われたのであれば、水田開発と古墳造営とは、車の両輪のように、双方あいまって進んだのであろう。

このように考えてみると、この時代、この地の景観は、放棄された水田や荒れ地が混ざりあう、混沌《こんとん》としたものであったことだろう。そしてそのあちこちに、巨大古墳の葺石が太陽の光を反射してきらきらと光り輝いていたのではあるまいか。未開の原生林が広がっていた空間は、森が乱伐されそこに水田や古墳が展開する人工的な空間へと作り変えられていったのであろう。

対外交流となりわい

大古墳建造の時代はまた、日本列島にさまざまな文化が渡来した時期でもあった。むろんそれ以前の時代にも外来の文化はいつの時代にもやってきてはいた。しかし、この時期には外来の文化は文字通り雪崩《なだれ》をうってやってきたようだ。いわゆる「渡来人」とその文化である。本書では渡来人の出自やその来歴などについては触れないが、彼らが持ち込んだモノや文化には目を配っておきたい。

2—4　大仙古墳出土の馬型埴輪（写真・宮内庁書陵部）

まず注目したいのは、ウマの埴輪である。埴輪には人や家などを模ったものがあるが、ウマの形の埴輪も多い。ウマはいまから四〇〇〇年から五〇〇〇年ほど前に中央アジアからモンゴル平原あたりで家畜化されたといわれる。家畜化された時点ではウマはたぶん五畜（ヒツジ、ヤギ、ウシ、ウマ、ヒツジ）のひとつであったが、その後遊牧文化が騎乗という技術を発明したことにより、画期が訪れた。ウマに乗ってより大きな家畜の群れを制御できるようになったし、一日四〇キロメートルもの移動が可能となったからである。一日に四〇キロメートル移動できれば、理屈のうえではひと月に一〇〇〇キロメートルの移動が可能である。ユーラシア大陸の内陸部を縦横無尽に動き回る遊牧民の活動の基盤はこの騎乗によって可能になったものといわれる。日本史のなかで遊牧民との接触が表舞台に登場したのは「元寇《げんこう》」のときであるが、じつはそれに先立つこと数世紀前、いまから一六〇〇年前ころには遊牧文化の影響はすでに現れていた。

遊牧文化のウマの影響は埴輪だけではない。五世紀ころの大阪平野の遺跡からはウマの骨が出土しており、実際にウマが飼われていたことがわかる。しかも蔀《しとみ》屋北《やきた》遺跡（大阪府四條《しじょう》畷《なわて》市）で出土した骨のなかには仔馬《こうま》のものが含まれている。仔馬の存在は、ウマが日本列島で繁殖していたことを示している。ごく少数の個体が献上品などでやってきたというのとはわけが違う。ウマのような哺乳類は、近親交配させると弱勢の子が多く生まれて集団を維持することができない。ある程度の数の個体の維持が、種の保全には欠かせない。

時代はやや下るが、大和平野には「蘇《そ》」などといわれる乳製品があったといわれる。その存在自体は『延喜式《えんぎしき》』にも記述があるが、製法の記録は失われている。しかしこれが乳製品であることはほぼ確かで、そうするとミルク食の文化が古代の日本にはあったことになる。むろんそれは「高級食材」で、庶民の口に入ることはなかっただろう。

大型の家畜の飼育には、農耕には必要ない大掛かりな生産設備が必要である。「牧《まき》」がそれである。また、ミルクの利用には乳酸発酵などこの文化独特のさまざまな技術が必要であった。発酵のほかにも、遊牧文化は、オス個体の去勢や生殖の管理などの、いまでいう繁殖の根幹にかかわる技術を確立していた。遊牧文化では、肉よりもミルクの生産が重要である。そしてミルクの入手には出産直後の母親を計画的に準備しなければならない。それには相当数の個体が必要である。生まれてくる仔《こ》の半数はオスであるが、その大半は不要である。なぜなら彼らはミルクを生産しないのに餌は食べるし、力が強くて管理が大変だ。要するに、彼らは「ごくつぶし」なのだ。ミルクの生産効率という観点からすると、優れた仔を生ませる能力の高いオスだけ残して他は去勢し、必要なときにはその肉をいただくという知と技術の体系が要る。彼らは優れた動物育種家である。

このような遊牧文化の色彩の濃い文化の渡来はかつて江上波夫による「騎馬民族王朝征服説」として議論されたことがあった。激論の末、江上説は否定されるところとなりその後すっかり忘れ去られてしまったが、遊牧文化の渡来までもが否定されたということではない。杉山《すぎやま》正明《まさあき》がいうように、(6)江上説には用語の定義上あいまいなところ、論証の甘いところが多々あった。たとえば「騎馬民族」とは何を指すのか。歴史上その存在が確かなものとして議論されてきたのは本書でも触れた遊牧文化である。遊牧民が騎乗するのは確かとしても騎馬民族なるものは定義されていない。騎馬の語は、その文化の主体の暴力性を強く想像させるが、遊牧文化が本来的に暴力的な文化だというわけではもちろんない。

しかし当時の日本社会は遊牧文化を生業の中心に据えることはしなかった。わたしはそれを単に気候や、あるいは気候の変化のせいにすべきではないと思っている。むろん気候の変化が社会の選択に影響を及ぼしたことは事実であろうが、その影響は、前節で縷々《るる》述べたように、あくまで因果関係の連鎖の環としてとらえるべきである。

稲作など農耕の文化と遊牧文化とは、その生業のしくみ、土地利用のあり方、社会のつくり、思想などの面でことごとく異質である。一方が立てば他方は立たない。両者は、そうした関係にある。日本列島にあって、その時どきの政権が稲作を積極的に選択したのはこのときがはじめてである。稲作選択の歴史は、その後も繰り返し登場したが、次に国家がその選択をしたのは、おそらくは北海道に稲作が導入・定着した時期であり、そして最後の選択が昭和の戦後に進められた構造改善事業であったようにわたしには思われる。

米と魚の舞台あらわれる

水田と溜池や水路などの灌漑施設の拡大は、水田漁撈《ぎょろう》のシステムの発展を促した。この水田漁撈のシステムこそが、和食とその文化の基盤となった生態系である。それは一種の人為生態系である。「気配と情念の時代」の水田は、自然の谷地《やち》のような環境、つまり山間《やまあい》にできた狭いものだった。当然灌漑のための施設はないか、あってもごく原始的なものだった。つまり水田は、周囲を自然の生態系に囲まれた点のような存在であった。

だが、この時代の水田は大掛かりな自然改造を伴った。そしてこの大掛かりな改造は、水田内にとどまらず、水田と灌漑施設や、それにつながる自然河川、湖沼を含めた水系の「里山化」をもたらした。これによって、コイ、フナなど特定の生物種が増加したことだろう。水田のシステムは魚種に限らず、多くの生物種の盛衰に影響を及ぼした。同時に、それまでそこにいた在来の生物種は個体数を減らした。水田と灌漑システムは、人が作った生態系であり、その存在には人間の意図が強く込められている。その意味で、水田の生態系は、和辻哲郎《わつじてつろう》の言葉(7)を借りれば「主体的な人間存在の表現としての風土」、つまり「主体の表現型」とみるべき存在である。

水田の生態系がそれまでの生態系と大きく違っていたのは、水の動きが稲作にあわせて人為的に決められる点である。水田には春先になると水が張られ、秋にイネを収穫するころには水が落とされる。むろん、水の制御はいまでも完全ではないが、それでも人間の意思は少しは通用した。だから、そのときどきの人間社会の意思が、動植物の活動や生活環に介入した。それに耐えられるもの、あるいはそれを巧みに利用して生きてゆけるものはうまく適応したが、そうでないものはその数を減らし、滅ぶか自然生態系へ避難していった。

人間の意思はまた、水田の生態系の食物連鎖にも介入してゆく。人間はイネの生育に益するものはそれを守り、反対に害を与える動物たちを排除しようとしてきた。しかし思い通りにはならなかった。人間の行為は必ず反作用となって人間に返ってくる。それも、かなりあとになって、そして思いもかけないところに、反作用は返ってくるのである。この、人間の行為とそれに対する反作用が、水田生態系の姿を決めてゆく。

そして何より人間にとっては、水田生態系は糖質である米とタンパク質である魚など水生生物を同所的に得るのに欠かすことのできないしくみである。その優れた点は食材の生産あるいは獲得に要するエネルギーを最小にできるところにある。このしくみを、わたしは「糖質とタンパク質の同所性」[8]と呼ぶが、この時代の日本列島にあっては、「糖質とタンパク質の同所性」は「米と魚」の同所性という形をとることになった。水田と灌漑施設の広まりは水田の生態系を発達させ、米と魚という「食のパッケージ」を確立させ、広める役割を果たした。

さて、自然生態系と人為生態系の二つの生態系は、どちらもわたしたち現代人の感性ではしばしば「自然」であるとみえる。しかし当時の人びとには、二つの生態系の間には歴然たる違いがあったのだろう。というのも、「気配と情念の時代」の生態系は人の気配の希薄な生態系であった。山地ばかりか河内平野や奈良盆地などの平地でさえ深い森に覆われていた。西日本では人の手の入った土地は二次林化した落葉樹の森がみられるものの、ちょっと奥には人の立ち入りを拒絶する照葉樹の森が広がっていた。水田を営む人びとにとって、この森は、受け入れがたい環境であったとわたしは思う。もともと照葉樹の森は人を寄せつけない。生産性が低く、かつ、人には敵対的な生物も多く生存するからだ。それはいわば、「もののけの森」であった。

ところでこの時代、「米と魚」に匹敵する「糖質とタンパク質」のパッケージが、もうひとつあったようだ。それが、先ほど述べた「牧」のシステムと水田のシステムの融合である。大《おお》庭《ば》重信《しげのぶ》[9]は、先出の蔀屋北遺跡や、そこから少し南にある池島・福万寺遺跡などウマの飼養を行っていたと思われる遺跡の周辺では、人びとはコムギを栽培して一部をウマの餌にしていたのではないかという。あるいは稲刈り後の水田域でウマを放牧したのではないかとも書いている。これらの遺跡では、米のほかにもコムギを栽培していたことがわかっており、家畜の飼養と麦作を組み合わせた、食のパッケージができていた可能性もある。もっともこのパッケージは、ウマの飼養という特殊な技能を持っていた集団が住んでいた、この時期この場所に固有のパッケージであった可能性もある。牧はその後も続いたが、次の時代(「稲作が民間経営された時代」)には次第に衰退していった。仏教の思想、動物飼養に対する違和感、稲作への強い政策誘導などがその背景にはあったのであろう。

モチ米はあったか

モチ米とモチイネ

この時代の米は、いまの米のようにウルチ(粳)が中心だったのだろうか。じつはこの問いに対する答えもまだ出ていない。わたしたちは米というとなんとなくウルチを考えるが、極論すれば、この時代の米の中心がモチ(糯)米であったのかもしれない。

モチ米の起源は明らかではないが、野生イネはウルチとみられることから、モチイネは一万年にわたる栽培化の過程で生まれたものと思われる。モチ米とは、胚乳のでんぷんを構成する二種類のでんぷんのうち、粘り気の少ないアミロースをなくしたか、ごく少量しかない米である。アミロースを欠くので、胚乳は粘りの強いものになる。なお、もうひとつのでんぷんであるアミロペクチンを欠いたものは存在しない。

　モチ米とウルチ米を識別する方法がいくつかある。ひとつは肉眼視による方法で、普通に白色光をあててみると、ウルチ米は半透明にみえるがモチ米は不透明にみえる。ただし収穫直後のモチ米はウルチのように半透明にみえることがある。あるいは、下から白色光をあてたアクリル板の上に米粒をおくと、モチ米は黒っぽく、ウルチ米は白っぽくみえる。光の強さは、ポジフィルムのスライドをみるのに使われる「スライドビューアー」くらいがちょうどよい。

2―5　ウルチ米（左）とモチ米

　ヨード・ヨードカリの水溶液を、米粒の断面に塗りつけてその色をみる方法もある。市販のヨードチンキを水で二倍程度に希釈したもので代用できる。モチ米の断面は水溶液の色（赤褐色）そのものだが、ウルチ米の場合は暗紫色に変色する。これは化学変化のためではなく、でんぷん分子による光の屈折のちがいのためである。

　なお、でんぷんは胚乳だけでなく、光合成時には葉にも存在するが、モチイネのでんぷんは葉にあってもモチ性を示す。同じく、花粉にもでんぷんが溜まるが、このでんぷんにもモチとウルチがある。そして、花粉にヨードチンキを処理すると、ウルチの花粉は暗紫色に、モチ米の花粉は茶褐色にみえる。

モチの遺伝学

先に書いたように、モチとはでんぷんのひとつであるアミロースを欠いたものをいう。何かが欠けるのは、その「何か」を作る遺伝子に故障が起きたからだ。花の色が白くなるのは、赤や青という色素を作る遺伝子が壊れたからである。細胞には同じ遺伝子が通常一対二個あり、そのうちの一個が壊れてもその「何か」は作られるので、壊れたほうの遺伝子は劣性遺伝子として認識される。二個とも壊れると「何か」は作られなくなる。遺伝子が一対二個あるのは父と母それぞれから一個ずつ伝わるからである。いろいろな植物で白花が赤花に対して共通して劣性であるのはそのためである。

モチはウルチに対して劣性になる。モチ品種のめしべにウルチ品種の花粉を交配してできた種子をアクリル板に載せて調べてみると半透明にみえるから、間違いなくウルチ米として稔っていることがわかる。つまり、ウルチ米はモチ米に対して優性である。ただし注意深く調べると、親となったウルチ品種の種子に比べて透明度が低いようにみえる。

この種子を播いてF1植物(雑種第一代植物)として育てると、やがて穂が出て花を咲かせ、種子を稔らせる。開花直前の花から雄蕊《おしべ》をとってきて中の花粉をヨード・ヨードカリ溶液に漬けて顕微鏡で調べると、ウルチの花粉とモチの花粉が多くの場合ほぼ同数ずつみえる。出来上がった種子を一粒ずつ調べてみると、ウルチの種子、モチの種子、そしてF1の種子同様透明度の低いもの、の三つのタイプが現れる。そしてその割合は、多くの場合おおよそ一対一対二になる。

一対一対二という比率（分離比）は、モチ性とウルチ性を決める遺伝子がこの交配組み合わせの場合には一個（正確には一対）であったことを意味する。そこで、遺伝学のならわしに従ってウルチ性を示す遺伝子を*Wx*（先頭のみ大文字）、モチ性を示すそれを*wx*と書くことにする。ちなみに、先述したウルチの種子から稔った種子は、いくつ播いても、また何世代自家受粉させても、なかからモチ性の種子が出ることはない。このタイプをウルチ性のホモという（*WxWx*と書く）。モチ性の種子の場合も同じで、後代にウルチ性を示す種子が出てくることはない（モチ性のホモ*wxwx*）。いっぽう、やや透明度の低い種子（これをヘテロといい、*Wxwx*と書く）を播くと、また同じように一対一対二の割合で分離が起きる。理屈のうえからは、この分離は永遠に起き続ける。なお、ウルチ性のホモとヘテロは慣れないと区別できないので一緒にして勘定すると、ウルチ性対モチ性の比率は三対一になる。

さて、さきほど「多くの場合」と書いたことには理由がある。交配する親によっては、分離比が一対一対二（あるいは三対一）にならない。ほとんどの場合、ウルチ性の種子が四分の三よりも明らかに多くなる。花粉でもウルチの花粉がモチの花粉より多くなっていることが多い。三対一という分離比が現れるのは、すべての花粉が受精に関して対等の機会を与えられている

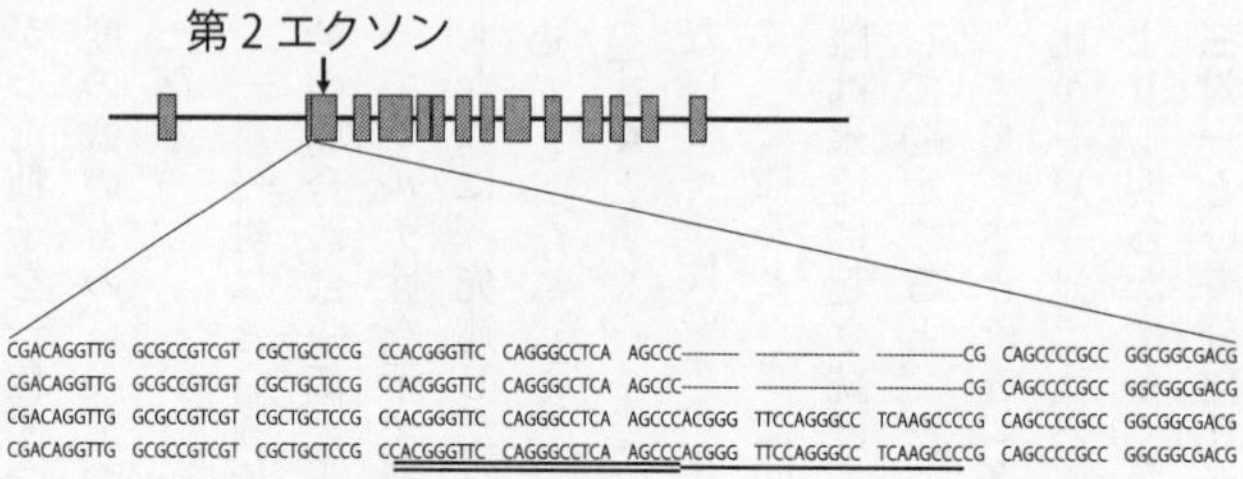

２―６　モチ遺伝子の塩基配列　上２列がウルチ、下２列がモチ遺伝子。一重下線と二重下線の配列は同じである

場合に限られる。わたしたちはこのことをさも当然のことのように考えているが、じつはそうでないケースがある。花粉によって受精能力が違っているのか。そして受精能力を制御するような遺伝子があるのか。あるとすれば、それはどのような機序によるものなのか。こうしたことは未知の領域である。

ＤＮＡでみたモチ、ウルチ

モチ性という性質がアミロースを作れない性質によることは前々項にも書いた。この遺伝子の塩基配列をみてみる。塩基の総数は約四〇〇〇対である。ここで注目したいのは、全体の上から五分の一ほどのところにある、図２―６の下線を付した部分である。ここには二三個の塩基のペアが決まって存在するが、たくさんのモチ品種、ウルチ品種についてこのペアを調べると、ある面白いことに気づく。この二三塩基のペアが、どんなモチ品種の場合にも二回繰り返されるのに対して、ウルチ品種の場合には繰り返しがないのである。つまり、この繰り返しの有無が鍵を握っている。モチは、このペアが繰り返されることでアミロースを作れという暗号をきちんと読み解くことができず、したがってアミロースを作ることができなくなったというわけだ。つまり、この二三塩基の繰り返しがモチ遺伝子の本体なのである。

世界各地のモチ品種についてこの遺伝子の塩基配列を調べてみると、遺伝子内の他の領域にはずいぶんといろいろなタイプがあることが知れる。武藤千秋《むとうちあき》らは、インドシナの内陸国ラオスでたくさんのモチ品種を集めてこの遺伝子の配列を調べてみた。ラオスは、中国、ベトナム、カンボジア、タイ、ミャンマーに接するインドシナ内陸部の小国で、伝統的にモチ米を常食する人びとの国である。とくに地方の山地部に住まう少数民族のなかには、一年三六五日、一日三食モチ米を食べる人びともめずらしくない。武藤さんらは、山のなかに点在する村むらを訪ね歩き、彼らが持っている品種の種子をもらい受け、その遺伝子を調べたのである(10)。その結果、二〇ものタイプがみつかった。多民族国家であるとはいえその狭い国土にたくさんの遺伝子が残されているのはどうしてだろうか。アミロースが作れなくなるという点では共通なので、その遺伝子にそれ以上の異常が生じようとも、モチという見かけの性質には何の変化も起きない。その意味では、この遺伝子の多様性は人や社会の嗜好性《しこうせい》という淘汰《とうた》は受けない。それらは、いわゆる「中立遺伝子」なのである。

ところで、武藤さんによれば、日本のモチ米品種が持つ遺伝子はほぼ三種類に限られるという。日本列島に伝わったモチ米はごく小さな集団だったのだろう。するとそれはいつか、が次の問いである。

モチ米はいつからあったか

考古学者であった佐原真《さはらまこと》さんはわたしのこの問いにこう答えられたことがあった。「モチ米を料理するとなると『蒸す』という作業が必要になるが、蒸すには甑《こしき》という道具が必要になる。甑が現れるのは古墳時代からなので、日本でモチ米を調理できるようになったのはその時代より新しい時代ということになる」と。佐原さんはモチ米の定着は古墳時代以降と考えておられたようだ。

甑は、古くは中国浙江《せっこう》省の河姆渡《かぼと》遺跡（約七〇〇〇年前）などからも出土している。河姆渡遺跡の米がウルチ米であったかモチ米であったかはわかっていないが、佐原さん流に考えればモチ米であった、あるいはモチ、ウルチの両方があった可能性もまた否定はできない。ここから先は空想になるが、モチ米の起源はイネそのものの起源に匹敵するほどに古く、そして日本列島への渡来も水田稲作の渡来前、縄文時代にまでさかのぼる可能性もまた否定できない。

ただし、品種やその概念が確立する次の時代（第3章）以降、ウルチ米が優勢な時代が続く。本庄総子《ほんじょうふさこ》さんによると、その前期（奈良時代～平安時代）の文書には「糯米」の字も記録も登場するという。いっぽう平川南《ひらかわみなみ》によると木簡に記載された品種名に、「糯」の字をつけたものは見当たらないようだ。(11) 中期、後期に登場する品種名には「〇〇糯」のように「糯」の前に形容句を置いたものはたくさん出てくるが、「△△うるち」というような品種名はまず出てこない。モチ米は、米ではあったが特殊な米だったのであろう。

こうした事情から考えるとモチ米は神饌を含む神事用に、あるいはハレの日の食材に特化していったのではないか。モチ米は、そのデンプンの性質から不透明でウルチ米より白い。「白」は古くから高貴な色として尊ばれてきた。

モチ米を蒸して搗いた餅はその形や大きさを自由に変えられる。丸めようと薄くのしもちにしようと、あるいはちぎってちいさな丸にしようと、である。あるいは鏡餅のように、丸い餅を二つ重ねることもできる。鏡餅が心臓の形をしているともいわれることをみると、わざわざ二つを重ねてあの形にしたのだろう。搗くことによって、途中でさまざまな「混ぜ物」を可能にする。現代ではヨモギを混ぜた草餅や乾燥させた小エビを混ぜたものなどいろいろなものが出回っているが、こうした技も、餅ならではのことである。

このように考えると、餅を搗く作業は粉に搗く作業と高い類似性をもっていることがわかる。粉食文化は穀類の粉を水に溶き、できた団子状のものを団子状のまま、あるいは板にしたり麺にしたりしてさまざまな食品を開発した。ひょっとすると蒸したモチ米を搗いて餅にする作業は粉食文化の影響を受けたものなのかもしれない。

第3章　米づくり民間経営される——停滞と技術開発が併存した時代

　この時代は水田経営を国家経営の基礎におくシステムから、七四三年の墾田永年私財法《こんでんえいねんしざいのほう》などを経て、「荘園《しょうえん》」などが登場、つまり稲作が民営化したことに始まる。律令制《りつりょうせい》は国家による水田稲作経営のシステムであったが、この時代になるとそれが崩壊し稲作の経営の民営化が普及していった。それは経営者による稲作とも解される。時代の後半は武士の時代であり、政治は複雑さを増した。この時代は厄災の時代でもあり生産は停滞した。いっぽう二毛作、肥料などの技術開発がみられた。さらに大唐米《だいとうまい》が渡来し、人びとの米食観を大きく変えた。時代の終末期には国中が戦乱に巻き込まれた。米は軍事物資としての性格を強めた。

民営化された稲作

稲作のかたち

先の時代、日本列島の中心部分は、ヤマトの王権に支配されていたが、大陸の影響は時代を追うごとに強くなっていた。大陸のさまざまな政治勢力やその文化が、日本に大きな影響を与えていた。稲作をめぐる政策や制度も、中国のそれを手本にしながら整備されてゆく。そして一応の完成をみたのが、田（土地）は天皇に帰属し、人びとには口分田《くぶんでん》の形で貸し与えられるという班田収授のしくみであった。豪族の土地といえどもそれは同じである。稲作が国家によって経営されるしくみが、形のうえでは完成をみたのである。ただし、当時の人びとがそれをどう解釈し運用していたかは別である。

口分田を授けるということになれば人口に応じた面積の水田が必要である。とくに東北地方に版図を広げようとしていた政府には米の増産、あるいは水田の拡大は急務だったことだろう。このような背景で出された計画が「百万町歩開墾計画」（七二二年）であった。この時代の水田面積は、安藤広太郎《あんどうひろたろう》(1)によれば一〇五万ヘクタールほどであった。百万町歩開墾計画は、これに相当する面積の水田を新たに開く計画で、現実的な目標であったとは思われない。案の定、計画はうまくゆかなかったようだ。この時代は前の時代に比べて、国力は多少ついたかもしれないが、人びとの暮らしは決して楽ではなかったと思われる。政府の思惑にもかかわらず、日々の暮らしに追われる人びとに、新たな土地を開くだけの余力があったかは疑問である。よく、日本列島は水田稲作に適した土地であるかに語られてきたが、この言説は必ずしも正しくない。後の時代、米どころになった大きな平野は、大規模な開発の結果そうなったもので、この時代は未開の土地であった。小高い丘陵地も、灌漑の整備を設けない限りそこに水田を開くことはできなかった。何の設備もなく稲作ができる土地は、すでにあらかた開墾され、しかもその少なくない部分は地力の低下や雑草のために放棄されていたと考えられる。その理由はあとに記す。

七二三年の三世一身法は、こうした背景のもとでできた制度であった。それは開墾後三代にわたり土地の私有を認めるもので、いわば水田開発を民間委託した最初の政策であった。だが、それはあまり水田の拡大にはつながらなかったようだ。政府は今度は墾田永年私財法を出す。開発された土地の末代までの私有を認めたもので、開墾者のモチベーションをあげようとしたのであろう。ただし、私有とはいうものの、対象はあくまで大きな財力を持つ有力貴族・豪族たちであったので、末端の生産者のモチベーションがそれほど高まったわけではない。

土地の私有を認めるということは律令制度に対する大きな変更となった。それは、田が国家あるいは天皇のものとする大原則と相いれない勅《みことのり》である。そしてこの勅を境にして、大貴族や有力な寺などによって荘園が作られ、そして時代を追うごとにその数や面積を拡大していった。荘園の制度は、経営の母体を「官」から「民」に移行させたが、このことで水田の経営は採算重視になり、合理化、効率化が自律的に進んでゆく。とくに、「単位面積あたりの生産」、つまりいまでいう「効率」が求められるようになった。民営化された稲作の経営形態である荘園からも、米が税として国に収められた。

いっぽう荘園に組み込まれなかった水田もなくなったわけではない。このうちいわゆる公領の管理は地方の行政官の仕事であった。しかし荘園の増加などによって班田制の制度そのものの疲労が進み、中央政府の力は相対的に低下してゆくことになる。水田の「民営化」は、こうして徐々に進んでいったのである。

時代が下って武士が勃興すると、日本の社会は複雑な権力構造を持つ社会となる。武士たちは、その武力を背景に、ある場合には公領や荘園の運営権を握って経済力をつけていった。農村社会は村落を形成し、次第に自治の権利意識に目覚めてゆく。そしてあるときは結束して力の横暴に立ち向かうこともあった。近畿圏に生まれた惣村《そうそん》などの農村の形態が次第に各地に広がっていった。水田が低地にアメーバのように広がり、小高くなったところに広がる森からの資源を得ながら営まれ、さらに小高くなったところには集落ができる「里の景観」のおこりはこのころにあったものと考えられる。

いっぽう、既存の水田では、土地の劣化は確実に進んでいたことだろう。農耕という営みでは、植物が生産したエネルギーの一部を、人間が「作物」としてその場から持ち出してしまう。つまり人間の手によって土地から収奪される。だから、外からの供給——たとえば水に溶け込んだもの、動物の排泄物《はいせつぶつ》や死骸など——がなければ土地の栄養分はどんどん失われてゆく。肥料は、その持ち出し分を補うためのもので、有効な肥料を持たなかった時代には耕作を続ければ土地はやせ、生産性は低下していった。生産性の向上は、いっときはプラスにみえても、長い目でみれば土地の劣化を速めるだけのことである。

では休耕すれば生産性は回復したか。休耕するとその土地では遷移が進み、植生は一年草→多年草→木本と置き換わってゆく。その間、土地には植物たちが水と二酸化炭素から作り出したエネルギーがさまざまな物質の形で蓄えられてゆく。土地は、エネルギーを貯蓄するのだ。しかし、休耕したところで、外からはミネラルは供給されないから地力が回復するわけではない。ただし地域に生息する動物の遺体や排泄物を起源とするミネラルが供給されるので、あるいは上流からミネラルが運び込まれるので、実際には休耕すれば地力はゆっくり回復してゆくだろう。

先の三世一身法は水田を開いた者に対する土地の一時私有を認めた令であったが、その後段には、既設の水路を使う、またはそれを改修するなどして墾田した場合は開発者当代の限り土地私有を認めるとある。ということは、この時代には耕作を放棄された土地が広がっていたことを示すものといえる。放棄された班田は不耕の土地となっていた。連作による生産性低下と休耕、あるいは耕作放棄が、この不耕の土地の増加に関係したのではあるまいか。

雑草をどうするか

水田稲作の継続には地力低下のほかにもうひとつ大きな関門がある。雑草との戦いである。わたしは農家の出身ではないが、イネの研究をしていたので田に入ることも多かった。田植え直後の水田ではイネの背丈も低く入りやすそうにみえるが、この時期には土は柔らかく田のなかを歩くのは容易ではない。土が締まって歩きやすくなるころにはイネの草丈が高くなって歩きづらくなる。ぴんと立った葉が露出した腕や手の甲に細かな切り傷を作る。汗をかけばその傷に沁《し》みてひりひりと痛む。田のなかでかがもうものなら首筋や頬《ほほ》にも傷がつく。たまに葉先が目をついたりすると、さあ大変だ。

草取りは、こうした作業の繰り返しである。一日中はいつくばり草をとる作業の苦しさは経験のない人にはおそらく理解できない。むろんこの時代の人びとがどれだけ精勤に草をとったかはわからない。草をとらないことの代償が、水田の放棄だった可能性は十分にある。

雑草は放置すると花を咲かせて大量の種子を生産し、次の世代以降その数を大幅に増加させる。こうなるとイネとの競合が顕在化してくる。雑草のなかには、初期生育の旺盛なものが含まれる。イネにとっては強力な競争相手である。さらに雑草の種子が灌漑水に乗って下流の田に広がれば、近在の農家からは非難の嵐を浴びることになる。だから雑草は、なんとしても取り除くべき対象であった。そこに加えて先に書いた連作による地力の低下である。ひとところで毎年イネを作り続けるのは、有効な肥料や雑草防除の技術が開発されるまでは、じつは大変なことだったのである。

休耕の存在は文献からもうかがい知れる。宇野隆夫《うのたかお》は『荘園の考古学』(2)のなかで、荘園の絵図に書かれた「野」が、休耕地であった可能性があるといっている。「野」の解釈はほかにもあるようだが、わたしは宇野さんの解釈には一理あると思う。荘園という、いわば土地生産性を重んじなければならなかったはずの経済行為のなかでも休耕地があったとすれば、それは休耕をせざるをえなかった何らかの理由があったことを意味するのではないか。また金田章裕《きんだあきひろ》は、九世紀ころのこととして条理地割のなかは「選択的な耕地の分布と、不安定な土地利用を余儀なくされたという状況は一般的にみられたもの」としている(3)。

カタアラシの技術

時代は下るが、「カタアラシ」もまた休耕田の存在を示唆している。カタアラシは一般的には「やせ地のために、休耕させる田畑」というような意味に使われてきた。こうした解釈は、本書で展開する生態学的な解釈とも合致するところで、少なくともこの語が慈円《じえん》の和歌（早苗とるやす《（野洲）》のわたりのかたあらしこぞ《（去年）》のかり田はさびしかりけり）に登場する時代（一般的な時代区分では平安時代末期）には、積極的な休耕が広く行われていたと考えてよいだろう。ただし、この解釈に異論がないわけではない。服部英雄《はっとりひでお》は、この語が多様な用例を持つとしながらも、ほんらいの意味は毎年普通に米を生産する一毛作田だという[(4)]。歴史学者ではないわたしにはこの議論に加わることはできないが、さまざまな文献をみると、「カタアラシ」または「荒らし」にはさまざまな用法、あるいはそれに対応するさまざまな方法があったようだ。伊藤寿和《いとうとしかず》は、一九五〇年代に異分野の研究者たちが活発に討論を重ねた「稲作史研究会」での柳田国男《やなぎたくにお》の発言として、一枚の田を二分し、半分でイネを作り、他の半分で緑草を作る事例を紹介している[(5)]。さらに詳細な検討が必要なようだが、カタアラシのカタ（片）の字義としては納得がゆく説明である。さらに福嶋紀子《ふくしまのりこ》は、カタアラシの理由として用水の不足をあげている[(6)]。新たに開かれた水田の拡大に、水の供給が追いつかなかったということだろう。

休耕の有無やその役割についての議論を概観していると、水田稲作のあり方をめぐって大きく二つの解釈の潮流があるように感ずる。ひとつは、日本列島の稲作や米食の基盤形成が歴史とともに一貫して右肩上がりに発展を遂げてきたという解釈である。そしてそれを支えてきたのが、これまた一貫して精勤な生産者らの努力と工夫のたまものと考える。休耕や水田稲作以外の稲作の存在については認めないか、認めても限定的に考える。いわば「水田稲作至上主義」とでもいうべき考え方である。

日本の生産者がきわめて精勤で創造的、教養レベルの高い人びとであったと考えることに異存はない。ただ、この主張全体を俯瞰《ふかん》するとき、思考がやや硬直化しているのではないかと感じることもある。稲作や米食の文化はもっと柔軟で多様であり、それだからこそ、幾多の災害や難儀を乗り越えてきたのではないのか。歴史学の分野には「発達史観」という近代西洋の哲学が作り上げた思想が色濃く影響しているといわれるが、稲作中心史観はこれとも通じる考え方のようにみえる。どの時代にも生産に携わる人びとの創意や工夫があったとみるのは当然ではあるが、その創意と工夫が、「右肩上がりの生産」にいつも貢献してきたわけではない。水田稲作ありきの歴史観はこの国の農業のこれからを考えるうえでマイナスになることはあってもプラスにはならないのではないかと思う。

二毛作の登場

この時代の日本の稲作にとってもうひとつ重要なできごとが、二毛作の出現である。二毛作とは、稲作を主（夏作）として、同じ土地に秋に麦などを植えて翌春に刈り取る冬作を行う作付の体系をいう。なお、かつては夏作を表作、冬作を裏作と呼んだが、ここではこれらの語は用いず、夏作、冬作ということにする。夏作の中心は稲作であるが、冬作の作物は、麦のほか、ナタネなどである。ただ、二毛作がいつ始まったか、誕生の背景に何があったかなど、詳しいことはよくわかっていない。それでも、二毛作のはじまりは武士の時代のはじまりにまでさかのぼると多くの研究者が考えている。磯貝富士男《いそがいふじお》は、麦の収穫が、米の端境期にあたる初夏の

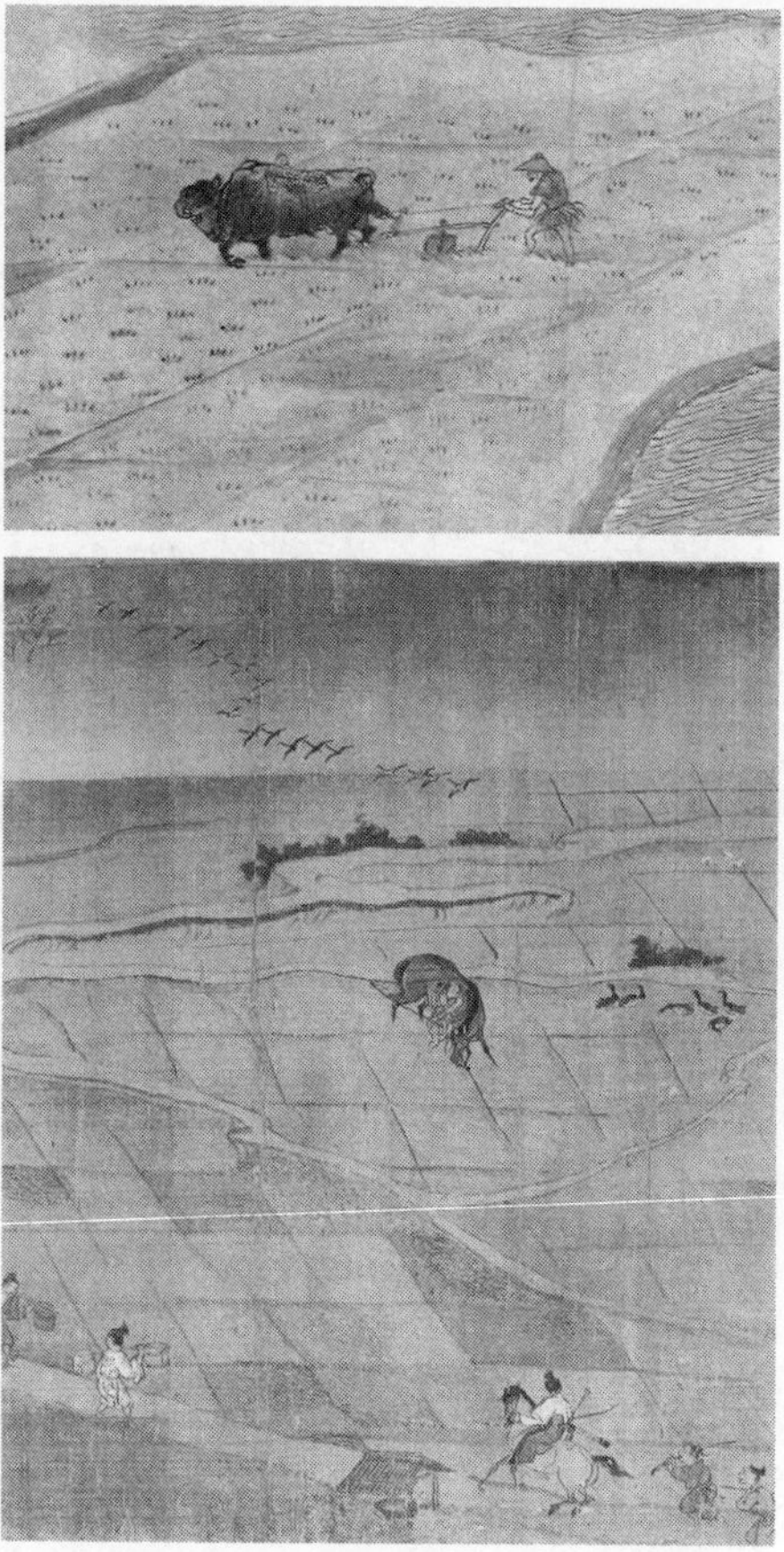

3―1　牛馬を使った耕作　（上）『松崎天神縁起』、（下）『一遍上人絵伝』（『続日本の絵巻』22, 1992,『日本の絵巻』20, 1988）

食料不足に対応できることを大きな理由にあげている。[7] 福嶋さんもこれを支持しており、麦作の良否が飢饉時の人びとの死亡率にも関係していたと述べている。[8] とくに、イネの不作は、麦《むぎ》播《ま》きの時期には明らかになっているので、冬作は救荒対策の意味を持っていた。中世は世界的にも気候の寒冷期にあたり、それによりイネの不作がしばしば起きた。これが麦の二毛作を普及させる大きな力になったという。[9]

ところで、冬作に麦を取り入れた場合、農業技術の面からは二つの大きな問題が生じる。ひとつは、肥料の問題である。当時の農業はそうでなくとも肥料不足に悩まされてきた。イネを作ったあとに続けて麦を作れば肥料不足に拍車がかかるのは必定である。ことに麦は肥料を食うといわれ、翌春への影響は深刻である。それにもかかわらず二毛作が導入されたということは、肥料について新たな技術が開発されたことを示唆する。とくに、窒素、リン酸、カリの三要素のうちリン酸に関しては動物質由来の肥料に依存するところが大きく、人糞《じんぷん》を含む動物の排泄物や遺体の積極的な利用が始まった可能性もある。排泄物ならば家畜のそれも使われたことだろう。この時代の日本列島では、ウシ、ウマなどの大型の家畜は、食用にされることはなかったものの、軍事、運搬、農耕用にかなりの数がいたものと思われる。

イネと麦の競合

もうひとつの問題は、麦、とくにコムギの導入がもたらす夏作の遅れである。日本列島に伝わった麦はおもにコムギとオオムギであった。このうちコムギは開花、成熟期がオオムギに比べて遅く、地域によってはしばしば梅雨の時期にかかってしまう。麦類は湿気には弱く、梅雨にかかると病気やカビによる被害が大きくなる。それと同時に、夏作のイネの作期をうしろにずらしてしまう。じつはこれが相当に困りものである。

西日本のイネ品種は全般に日長反応性が強い晩生品種が多かった。これらの品種は開花時期が日長時間に強く依存することは一三ページにも書いた。それなので、播種《はしゅ》時期をうしろに延ばしても開花時期はそれほどうしろに延びてはゆかない。だから生育期間が短くなって収穫量を減らしてしまう恐れがある。これを回避する有効な手立ては苗代をよく整備し、あらかじめイネの播種を済ませておくことである。小麦作の普及は、苗代での育苗技術を向上させたのであろう。イネ品種のうち、水田稲作に適する温帯ジャポニカは初期生育が遅い。このこともまた、苗代での育苗を促進させることにつながったのだろう。

麦の導入は、単に農業技術を発展させただけではなかった。とくにコムギの麺は、中国から一種の精進料理として僧たちによって持ち込まれた。この時代の後半には味噌《みそ》や醬油《しょうゆ》が普及しはじめる。両者はいまでは別の調味料であるがどちらも大豆と麦とを主原料としており、もとは、かつて中国で醬《ジャン》と呼ばれる発酵食品から来ている。それがどのように日本に渡来し、いまの形になったかはここでは論じないが、コムギも大豆も、庶民にとって貴重な植物性タンパク源であったことは事実である。

ちなみに、大豆のタンパク含量は『日本食品標準成分表』(10)によれば三四パーセント、コムギのそれは九ないし一二パーセントに及ぶ。植物性タンパク質は単にタンパク資源であるにとどまらず、精進の食文化を支える意味で重要であった。大豆は味噌・醬油のほか、黄粉《きなこ》にもなった。いっぽうコムギはうどん、そうめんなどに発展してゆき、その後の麺文化を支えることになる。そして、何より興味深いのは、味噌、醬油など発酵の文化は麦を粒のまま加工する料理であり、麺は粉食の文化だという点である。

インディカ初見

大唐米の渡来

前章にも触れたように、「気配と情念の時代」に日本列島にやってきたのはほとんどがジャポニカのイネであったと考えられている。もうひとつの種類であるインディカがなかった理由は簡単である。日本にやってきたイネのルーツであった中国・長江流域がジャポニカの生誕地であったからだ。熱帯生まれのインディカのイネが日本にやってくるようになったのは、じつに、水田稲作に伴うイネの最初の渡来から二〇〇〇年以上たってからのことであった。

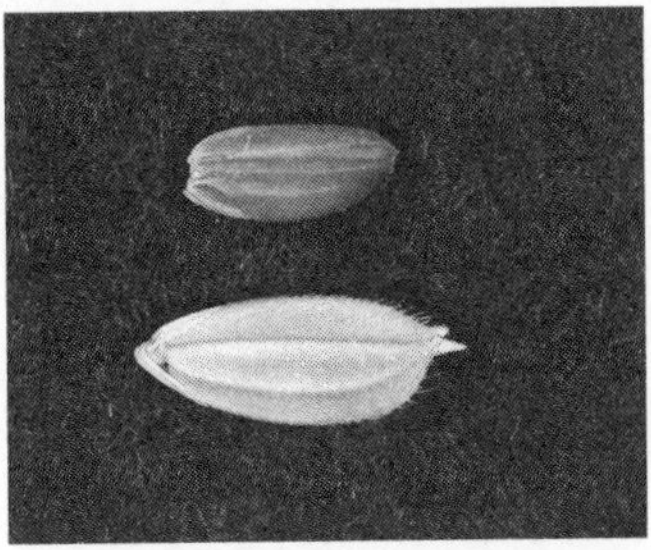

3—2　大唐米

たぶん九世紀か遅くとも一〇世紀のことである。本章の時代の中ごろということになろうか。日本列島の西半分の地域に「大唐米」が広まるようになる。ただし文献上の初出は、応永《おうえい》年間（一三九四～一四二八年）、「東寺百合文書《とうじひゃくごうもんじょ》」中の算用状という[11]。わずかに現存する大唐米のDNA解析などから、それらの多くはインディカであると考えられる。大唐米は、当時おもに九州など西日本中心に栽培がみられた。もともと干ばつに強い性質を持っていたようで、水漏れのする田など、あまり環境のよくない田にもよく適応したとされる。

大唐米のもとは、一一世紀に中国・南宋《なんそう》の皇帝がいまのベトナムあたりから導入したインディカ型の早生の品種で、(12)その後南部中国で大流行した。いまでも中国南部ではインディカの米が作られるが、その少なくとも一部はこれに由来すると考える研究者もいる。そしてそれを、日本から留学に来ていた僧たちが本国に持ち帰ったのが大唐米であるという。

米質からいうと、大唐米は玄米の表面が褐色を呈する赤米のものが多く、かつ粒が細長かった。アミロース含量が高く、ぱさぱさの質感を持つ。吸水性がよく、貧しい人びとのなかにはこれを志向する面があった。

これまで、日本人の米や食生活、あるいは食の世界観に与えた大唐米の影響は限定的に考えられてきた。わたし自身もそう考えてきたが、どうもそうではない。これまでの研究を見直してみると、大唐米はある時期、とくに西日本では相当に広まり、かつ年貢米にも使われていたことがわかってきた。時代と地域を限ってみると、在来のイネより大唐米のほうが多かったようなケースもあったようだ。嵐嘉一《あらしかいち》によると、大坂市場に送られた肥前《ひぜん》の蔵米の二割が「長粒米」であった。(13)また享保《きょうほう》〜明和《めいわ》年間の佐賀藩での米の価格は一石あたり通常米が五四・一〜七六・九匁《もんめ》、赤米（たぶん大唐米）が五〇・二〜七四・一匁とそれほど大きな違いはなかった。なお匁は当時の通貨単位でおおむね銀三・七五グラムと等価とされた。(14)

大唐米の過小評価の背景には、日本の社会にいまも脈々と流れるインディカ米への偏見があるように思われる。しかしこの偏見は、後の時代になって作られたものである。この時代以降、食材に「序列」が形成されるようになる。世界的にみてもそうだし、日本でも米がトップにくるようになる。そして同じ米でもインディカの地位は在来のジャポニカに比べて明らかに低い。そのことは大唐米の品種名からもうかがい知れる。大唐米は「とうぼうし」の別名を持つ。「ほうし」の語は法師からきたものであろう。また、「唐法師」がなまったのが「とうぼし」。「唐干」の字があてられたりもしているし、これがさらになまって「トボシ」となった。ただし、嵐は「トボシ」は「乏し」ではないかといっている。

大唐米の食べかた

大唐米はどのように食べられたのだろうか。これも詳しい記録があるわけではないが、ヒエ、アワなどを米と混ぜて食べるのを常としていた農村部では、大唐米は新たな穀類とみなされていたのかもしれない。あるいは、「糧めし」のような、米と他のものを混ぜる「飯」があったのだろう。都市部でも大唐米はそれとして受け入れられていたようなので、社会は多様な米、多様な穀類の存在にいまよりはるかに寛容だったのかもしれない。炊飯の方法も、いまに比べるとずっと多様だったようだ。

この時代、人びとはどのように米を調理していたのだろうか。これについて伊藤信博《いとうのぶひろ》はさま

3―3 『農業図絵』の大唐米の収穫風景

ざまな文書の記録から「強飯」「炊《かしき》飯《かて》」「姫飯《ひめいい》」など一〇種類以上をあげている[15]。米の調理法はいまでも、蒸す、炊く、茹《ゆ》でる（あるいは煮る）、粥《かゆ》にするなどの方法があるが、それをはるかにしのぐ種類の方法があったのは、米の種類も多かったからではないかとも思われる。姫飯はいまの湯取り法（米をゆでて余分な湯を捨てる調理法）にあたると伊藤さんは書くが、湯取り法は東南アジアでアミロース含量の高い米に適用する、ねばねば成分を取り除く炊飯法である。粘りを好む、あるいは生かす調理にはあわないかもしれない。ひょっとすると、それは大唐米の調理法だったのかもしれない。

先にも書いたように、大唐米の多くは粘りの弱い米であったと思われる。在来の品種に比べるとアミロース含量が高いことによる。アミロース含量が違うことで、異なる調理法が生まれた。米の調理法として注意しておきたいのがパーボイルという方法である。いまでもこの方法が広く行われている南アジアなどでは、まだ完全に熟しきっていない穂を刈り取り、籾がらのまま茹でてから籾摺りして乾燥させる。できた米は保存食として扱われてきた。これを粥にして食べるとほのかに甘いという。日本でもこれまでパーボイル法に言及した研究者はいた。そういう目でみてみると、かつて日本列島にもパーボイル法があったことを示唆する史料や民俗事例がある。たとえば土屋又三郎《つちやまたさぶろう》の『農業図絵《のうぎょうずえ》』(16)で、これには大唐米に関する絵がいくつかある。そしてそのひとつが収穫にかんするもので、収穫した大唐米を庭先で干している様子が描かれている。脇の建物の煙突からは煙が出ていて、解説によると炊飯か風呂《ふろ》焚《だ》きの煙だというのである。むろんその可能性は否定できないが、なぜわざわざ炊飯や風呂焚きの様子など描いたというのだろうか。というのも、この絵図は全編にわたって、必要なもののみが描かれている。通常のイネの収穫の絵図もあるがそれには炊事や風呂焚きの気配が描かれていない。この煙を、パーボイルの湯わかしの煙とみてもよいように思う。

パーボイル法の優れた点は、加熱することで米につくバクガなどの害虫を除去できることにある。未熟の状態で収穫することで脱粒（成熟後の穂から籾が外れる現象）によるロスを回避できるのも大きな理由であろう。大唐米には脱粒しやすい系統が多く、完熟前に収穫することで脱粒が抑えられるメリットがある。

赤米という米

大唐米の多くがそうであったように、米の品種のなかに、玄米の表面が赤褐色をした「赤米」と呼ばれる一群の品種がある。表面が赤いという以外、ほかに際立った共通項はない。赤い色は、カテキン系の色素が呈する色である。この色は玄米の表面部分にしかつかないので、赤米といえども精白してしまえば普通の米と変わらない。よく、「中まで赤い米をみたことがある」という人がいるが、わたしは「もし次に中まで赤い米をみかけたら実物をみせてください」と答えている。その後、持ってきた人はいない。ではなぜ、「中まで赤い」と人はいうのだろうか。ウルチ米の胚乳は半透明である。赤米の玄米をはさみなどで二つに割ってその断面をみると、周辺部分の赤色が透けてみえる。そのため中まで赤いように見えるのである。こういう場合、ナイフで赤い部分を削り取ると、断面の赤い色も消えてしまう。

赤米の赤い色は、遺伝学的には、おもに二個(二対)の遺伝子によって出される。そのひとつ、*Rc*遺伝子は赤の色素(カテキン)生成にかかわる遺伝子で、この遺伝子がない(つまり劣性である*rc*遺伝子を持つ)と赤い色はつかない。ただし*Rc*遺伝子を持っても、もうひとつの*Rd*遺伝子を持たないと、玄米には赤っぽい斑点ができることはあっても、全面が赤い色になるわけではない。きれいな赤色の発色にはもうひとつの遺伝子*Rd*の存在が必要である。ところがこの*Rd*遺伝子の働きは多面的で、それ単体では赤米の発色を促さないものの、アントシアニン系の暗紫色の着色を他の部位にもたらす。発色部位は、芒《ぼう》(のげのこと)、籾の先端、護穎の先端、節、葉先などいろいろである。日本の在来品種にもこれらの部位が着色するものが多いが、どこに、どの程度の濃さの色がつくかは*Rd*遺伝子内の細かな変異や、他の遺伝子の関与による。*Rd*遺伝子だけでなく、多くの遺伝子には、優性、劣性の概念では説明しきれない変異がある。

前章で触れたモチ遺伝子についても、*Wx*遺伝子のなかにいくつもの変異があることが知られている。

赤米はいつの時代にまでさかのぼることができるのか。出土する木簡に「赤米」の記述がみえることから、赤米は、遅くとも八世紀には栽培されていたものと考えられる。[17] またその産地には、播磨《はりま》、丹後《たんご》、但馬《たじま》などがみえる。関根真隆《せきねしんりゅう》によると、天平《てんぴょう》六年（七三四年）の尾張国《おわりのくに》正税帳《しょうぜいちょう》に多量の赤米を酒料として大炊寮《おおいりょう》に納めた記録など、複数の記録があるという。[18]

八世紀より古い時代には書かれた記録はない。あるのは考古遺跡から出土する遺物だけである。これをつぶさに調べれば赤米の歴史もある程度はわかるだろう。しかし、この時代より古い時代の遺跡から出土する米のほとんどは真っ黒に変色しており、玄米の色をみることはできない。灯《とも》された唯一のか細い火はＤＮＡを採って赤米の遺伝子の塩基配列を読み解くことだが、いまのところ出土する種子からこの遺伝子を取り出すことに成功した研究者はいない。というわけで、「気配と情念の時代」や「自然改造はじまりの時代」にどれほどの赤米があったかは不明である。ただし、イネの原種（祖先型野生種）は赤米なので、モチ遺伝子同様、赤くない米が栽培化のどこかの過程で登場したものと考えられている。

赤米を考えるうえで大事なことは、木簡に書かれていた赤米と大唐米の赤米とを区別しておくことだろうか。木簡に書かれた赤米の起源がどこまでさかのぼるかはわからないが、わたしたちのイネの祖先型野生種が赤米を持つことを考えれば、赤米であった初期の栽培イネのなかに白い玄米を持つものが生まれ、そちらが次第に広がっていったと考えるのが自然である。ただ、日本以外の地にも白い米は古くからあるから、白い米が日本で生まれたと考えるのは無理がありそうだ。

交ざらなかった大唐米

大唐米の隆盛は、米が貨幣として扱われる次の時代にまで続く。それは日本人の胃袋を、少なくとも八〇〇年近くにわたって支え続けたのである。しかし大唐米は社会からあまねく受け入れられたわけではなかった。それを受容したのは、おもに地方の貧しい人びとであったし、また地域的にみても西日本が中心であった。そして現代までにほぼ完全に絶滅してしまう。それとともに、大唐米が持つ遺伝子それ自体が失われてしまった。

一般に、遺伝子が世代を越えて受け継がれるためには、次の要件のうちのどちらかを満たす必要がある。ひとつは、その遺伝子を持つ品種が植え続けられること、もうひとつは交配によって、品種は変わってもその遺伝子自体が受け継がれてゆくことである。一概にはいえないが、遺伝子それ自体の拡散には、後者のほうが有利である。そのひとつの例が、熱帯ジャポニカの遺伝子である。熱帯ジャポニカを特徴づける遺伝子はいまなお日本のイネ品種中に生き残るが、それは熱帯ジャポニカと温帯ジャポニカの間で自然交配がしょっちゅう起こり、熱帯ジャポニカの遺伝子が「まき散らされた」格好になっているからである。

いっぽう、大唐米には、在来の品種との交配が起こらなかった。理由のひとつは開花月の違いにある。いや、交配は起こったのかもしれないが、人びとはできた雑種を排除したことだろう。当時の生産者には、その雑種の出自は直感的に理解できたことだろう。排除の理由は、大唐米と在来品種の間に存在する、「生殖的な隔離」の現象にあると考えられる。大唐米はインディカに属する品種である。そして、インディカ品種と、日本在来品種であるジャポニカ品種、とくに温帯ジャポニカ品種の間に一種の生殖的隔離がみられることは専門家の間では広く知られている。

生殖的隔離にはいろいろな現象がみられる。代表的なものは二つの品種を交配して得られた雑種第一代植物の不稔性《ふねんせい》である。雑種第一代の植物はちゃんと育つが、その種子が稔らない現象が起きる。おもに両親から来る遺伝子の組み合わせによって花粉の発育が妨げられることによる。そして、その不具合の程度によって、種子ができなくなる種子不稔性の割合は最大一〇〇パーセント近くにもなる。つまり、雑種植物はきちんと育つのに、収穫はまったく期待できない。この雑種不稔性のほかにも、インディカとジャポニカの交配では、後代にさまざまな障害が起こり、米の生産という観点からみると大きな障害になる。生産者の立場からはインディカとジャポニカの間の交配はまったく受け入れられないということである。

軍事物資としての米

武士の時代と稲作、米

この時代の後半はある意味で武士の時代と位置づけられよう。また、相次ぐ災害などで国内は荒れ、そのためもあって仏教が一般市民にまで広く伝わった。この時代はよく「暗黒の時代」ともいわれるが、下層で暮らす人びとの暮らしはたぶん悲惨であっただろうと思われる。そしてこの時代の最後の一五〇〇年は国内が戦乱に明け暮れた時代であった。戦国時代といっても、この時代がずっと同じような規模、同じような戦い方で戦争が行われていたわけではない。小和田哲男《おわだてつお》は戦国時代を四段階に分けているが、(19)「米食文化」というキーワードでいうと、旧の守護大名と新興の大名の交代が起きる前の時期(第一、二段階)と、織田信長《おだのぶなが》による「天下布武」以降の時期(第三、四段階)に分けるのがよさそうだ。そしてこの二つの時代は、「兵農分離」の有無、つまり職業兵士が多く登場するようになる以前と以後の時代とに対応しているとみることができる。

では、兵農分離の何が重要だというのだろうか。それまでの時代の武士の多くは、例外はあるにせよ平時は田舎にいて農業を営んでいた。だから、戦国の戦いといってみたところで、農繁期に入ると終結する類のものが多かったといわれる。永原慶二《ながはらけいじ》は上杉謙信《うえすぎけんしん》が一五六一年から一五七四年にかけて、毎年のように、秋から冬の時期に限り北関東で軍事行動をとっていたことに注目し、それは「秋の収穫後に軍事行動し、春の農繁期には帰村することを強いられていたため」だという。[20] 軍事行動は、ある意味では公共事業の性格を帯びていたのだろう。むろん戦争するもしないも領主の専決事項であったが、農繁期に農民の労働力を取り上げたりすれば領国の経済状態が悪くなる。

いざ戦争となると、彼らは主君の命によって出陣するが、出陣する兵士たちには「三日分の腰兵糧」が課されていた。「お腰につけた黍《きび》団子」のようなものと考えればよいだろう。握り飯などはずいぶんと優れた食品であったと思われるが、夏場だと二日と保たなかったであろう。いっぽう糒（干飯《ほしいい》）、炒米（炒《い》った米）、餅などが日持ちの点からも重宝されたようである。あと「かちぐり」なども栄養学的には優れた腰兵糧になったのだろう。むろん塩分やタンパク質も必須で、味噌を使うなどさまざまな工夫があったらしい。腰兵糧は、運ばれる食であり、弁当へと続く食のスタイルでもある。

戦いと米にはもうひとつ強いかかわりがある。それが「刈田《かりた》」の戦法、つまり敵国内に入って行われる、田畑の収穫物の略奪、ないしは焼き討ちである。攻撃する側からいえば、刈田は食料の現地調達であり、また敵方に対する兵糧攻めの性格を持つ。だから、どの領主も米の管理には相当気を遣ったものと思われる。そのように考えれば、戦国時代の兵農分離が進むまでの時代には早く米を刈り取り、確実に管理することが戦略的に有利であったことがわかる。イ

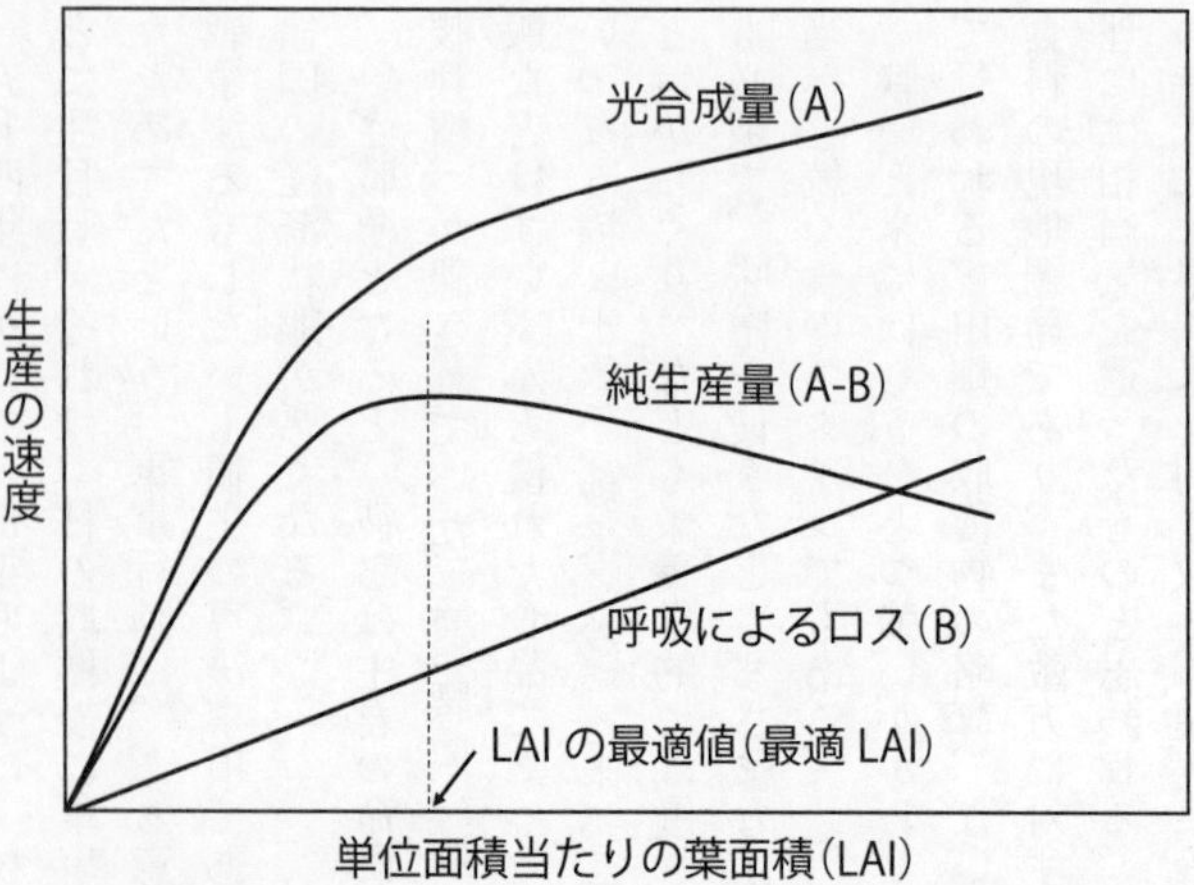

3—4　光合成と呼吸によるエネルギーの収支

ネをいつまでも田においておけば、農民はなかなか農作業から離れることができないし、万一敵国の軍隊が攻めてきた場合には略奪や刈田の対象となってしまう。早生品種の選択や早期栽培の技術は、戦争によってもたらされたとも言える。

刈田に対する対抗策として、先に述べた大唐米が使われた可能性がある。大唐米には早生の品種が多かった。おそらくは日長反応性の小さな品種だったのであろう。通常の品種に比べて早生であるから収穫が早くなる。稲刈りを終えて軍備を整え、攻め込んだ敵地の田にイネが残っていれば、それが刈田の対象になったことだろう。反対に攻められる側の立場でいえば、大唐米のような早生品種を植えておけば、収穫の作業も早く終わり、刈田の被害にあいにくくなるばかりか、早い時期に軍隊を編成することが可能になる。

ただし有効な肥料の少なかったこの時代、収穫をあげるには生育期間を長くすることが必要であった。つまり晩生のほうが収穫はあがった。いっぱんに、イネの収穫量は葉の面積で決まる。葉を増やせれば光合成量が増えるからである。単位面積あたりの葉の面積を「葉面積指数《ようめんせきしすう》」（LAI）といい、一般には肥料を増やせば大きくなる。肥料分が少ないと生育の期間を長くしなければ、葉面積も葉面積指数もなかなかかせげない。

葉面積指数には最適値が存在する。この最適値を超えて葉面積が拡大すると葉が相互に遮蔽するなどして日光が十分にゆきわたらなくなり、光合成能率（生産量）が葉の枚数に対して等差級数的に増えなくなってくるからである。いっぽう葉っぱ自身もエネルギーを消費するから、面積つまり枚数が増えればエネルギー消費量は等差級数的に増大する。だから、葉面積指数をどんどん大きくするとやがては消費量の伸びが生産量の伸びを超えるようになってしまう。生産量と消費量を模式的に描いたのが図3―4で、生産量から消費量を引いた純生産量に最適値が存在することになる。この葉面積指数の値を最適葉面積指数という。

最適葉面積指数は品種によって変わる。現代の品種は、最適葉面積指数が大きくなるよう改良が加えられていて、したがって肥料をたくさんやって葉面積指数を大きくするように設計されている。いっぽう、大唐米を含む昔の品種は最適の葉面積指数は現代の品種に比べるとずっと小さい。肥料分が十分でなかった時代には、そのほうが生産をあげることができた。

こうしたことから、有効な肥料がなかった時代、在来の品種では生育期間が長い晩生品種でないと十分な生産をあげることができなかったが、大唐米はそれより早生であってもそこそこの生産をあげることができたと考えられる。少しでも早く農作業を終わらせて戦闘態勢に入る——大唐米の導入には、このような戦略的意味あいもあったのではなかろうか。

兵農分離と米

農事暦に合わせたこのようなシステムでは、しかし大掛かりで長期的な戦いはできなかった。遠征が長引き、また動員される兵士の数も万を数えるようになると、その兵たちの食料だけでも大変な量になる。戦争には当然にして後方部隊も必要なわけで、彼ら後方部隊のぶんまで含めた食の確保はそれ自体が大変な事業になった。しかも戦争の形態が城攻めともなれば、数か月、またはそれ以上敵地に滞在するようなこともあった。こうなると、食料はじめ戦争に必要な物資をいかに遅滞なく供給できるか——兵站——がますます重要になる。豊臣秀吉《とよとみひでよし》が小田原《おだわら》の北条《ほうじょう》氏を攻めたときには、動員された兵士の数は二〇万人にもなったという。そしてこの人員を養うのに二〇万石とも三〇万石ともいわれる大量の兵糧（むろん米だけではなかったであろうが）を集め、船で清水《しみず》（いまの静岡市清水《しみず》区）まで運ばせたという。二〇万石は三万トンにあたる。それは当時のちょっとした国一国の年間の米の生産量に匹敵する量である。ちなみに小田原城にこもった北条の石高は二四〇万石だったというから、なんとその八パーセントに相当する量である。当時、秀吉には、これだけの米を調達する力があったことになる。

それにしても二〇万石もの米はどのようにして集められたのだろうか。はっきりしていることは、これらがどこかに備蓄されていたということである。秀吉軍が行軍を開始したのは早春であるから、前年秋までに収穫した米が徴収されたのだろう。いつ収穫した米であるかはともかく、米は村からも、あるいは商人たちの備蓄からも、おそらくあらゆるところから徴収されたことだろう。当時の日本社会にはそれだけの米を準備する力とシステムが備わっていたことになる。

小田原攻略では、遠征は一五九〇年春から七月に及んだ。当然、田の準備から田植えの時期を含んでいる。れっきとした農繁期である。この時期に、この二〇万人は自分の村を離れていたのである。兵農分離が進んでいたからこそ、数百キロメートルに及ぶ遠征を伴う、こうした大掛かりな戦いが可能になったのである。兵農分離の真の意味はここにあるものと思われる。

では、村は米を一方的に収奪されるだけの弱い存在だったのか。どうやらそうではなさそうである。賤《しず》ヶ《が》岳《たけ》の戦い（一五八三年）のとき、秀吉軍は岐阜城からいまの滋賀県長浜《ながはま》まで急ぎ行軍しているが、このとき沿道の村むらに対し、数万の兵のための食料調達を依頼している。ただしこのときの兵糧は力で拠出させたのではない。秀吉は米を出した村に対し、「時価の一〇倍の価格」で買い取って金を支払ったという。つまり村むらはこのとき、予想外の臨時収入を得たのである。米を備蓄しておくことは、村にとっても、あるいは米商人にとっても意味あることであった。米は格好の投機の対象だったことになる。米がふたたび軍事物資になった瞬間だった。

兵農分離は、一般には、近世の身分制度である「士農工商」の基礎のようにいわれる。それはそうに相違ないが、もうひとつ、米の集荷体制の構築にも大きな影響を与えていたことになる。米は、この時代にはさらに社会性の強い食料、つまり「食糧」へと変遷していったように思われる。

非農耕者と米

都市は古代からあった。とくに都《みやこ》には政府の役人やその関係者らが多く住んでいた。武士の時代、とくにその後半には日本各地に商業都市が発達する。織田信長以降の戦国大名たちは積極的に商業都市を発達させ、その富を自国の経営強化に結びつけようとした。その人口増を支えたのは農村をあぶりだされた次男坊、三男坊たちであった。

世界史上この時期はちょうど大航海時代に相当する。欧州の国ぐにが、ペストの流行や土地の疲弊などによる社会全体の停滞からの脱却を求めて、アジアやアフリカ、それに新大陸への進出を始めたのが大航海時代であり、その影響は「極東」の日本にも及んだ。この時代の日本は、欧州の人びとにはマルコ・ポーロによる「黄金の国」であった。欧州からの商人たち——衣の下には鎧《よろい》をまとっていた彼らではあったが——との接触が、日本国内での商業の発達に少なからず影響したことは間違いがない。

都市に住む人びとは自己の食材を自分自身では生産しない。むろん初期の都市には「半農」とでもいうべき、食材の一部は自分で生産する人びともいただろうが、都市の規模が拡大するにつれ、都市に住まう人びとの食の生産は次第に他者への依存度を高めていった。都市域での食の生産が困難になり、あるいは不経済になり、都市民は自分自身で食を生産することができなくなってゆくからである。

商業とは、人と人との交渉の生業である。それが生み出す価値は二次的なものである。富の交換の効率をあげることで、あるいは組み合わせの妙により新たな価値を生じさせ、それをみずからの利益とする。一次的な価値を生む生業《なりわい》からみても、その存在は自分たちを富の生産に集中させるメリットがある。いま、日本の農村などでいわれる「六次産業化（一次産業従事者が加工・販売まで取り組むこと）」はそれとは真逆の試みであり、行き過ぎた分業からの一種の揺り戻しである。

商業の「人と人との交渉」という側面は、この時代にはもっぱら対面でのやりとりに重きがおかれていた。商人たちは、みずからが商品を運んだ。商業都市と商業都市の間には、交易のための道が開かれた。この道は、あるときには軍事道路でもあり、あるときには交易路でもあった。沿道の農村社会にも、のちの宿場町となる機能が生まれていったことだろう。そしてそこでは、商人たち、移動する民――旅人――の食が提供されることになる。彼らの食の原型は

3—5　ラオスで見た糒（ほしいい）とその拡大写真

戦争にあった。

それ以前の旅人たちには「糒《ほしいい》」や「かちぐり」などの保存食があった。旅はときとして命がけであった。旅の普及、大衆化は宿泊や食の提供をひとつの産業にした。社会が自給自足の経済によっている間は、人びとのいのちと日常の活動を支える食材は、極端にいえば何でもよかった。しかし、旅人を含む都市民の増加は食材の画一化を招いたことだろう。食材には、運びやすいこと、年中供給ができ貯蔵が容易であること、高い栄養価を持つこと、あるいは腹持ちがよいことなどの条件が求められた。これらの条件を満たすのは穀類である。そして穀類のなかでも、米の地位が次第に向上していった。軍事物資としての役割を強めていったことで米の地位は次第に確固たるものになってゆく。米の生産に携わったのは農村であったが、その価値を高めたのは非農耕者たる都市民や旅人であった。米は次第にひとつの食料から社会全体をいろいろな角度から支える経済単位——糧《かて》としての役割を担うようになってゆくのである。

多様な品種、生まれる

この時代はまた、多くの品種が生まれた時期でもある。平川南も、すでに古代には一九もの品種があったことを木簡の解読から明らかにしている。(21) そして、たとえば「畔越《あぜこし》」「荒木《あらき》」など、そのうちのいくつかは少なくともその名に関する限りいまに伝わっている。また、この時代にはすでに、品種が奈良の都を経由して他国に伝えられていたこともわかっている。

稲作の普及とともに栽培面積も拡大した。作業分散のために、また、災害からの被災リスク回避のために、作付け時期をずらす必要があった。早生、中生《なかて》、晩生《おくて》の分化が生じた。そして区別のために名称が与えられた。

大唐米の登場は、人びとに品種の観念を強く意識づけた。とくに西日本の生産者にとっては両者の区別は重要なことであった。品種の区別は、そのほとんどが生産上の便宜のためである。早生品種が適合する土地に晩生を栽培するとか、またはその反対のことをすれば生産は大きな打撃を受ける。品種識別のための符牒《ふちょう》が品種である。葉や茎、籾などの色や形は、品種の区別には格好の形質であったことだろう。

穂や芒、あるいは籾そのものが赤い品種につけられた「赤○○」、籾が暗紫色の「黒○○」などは各地にみられるが、変わったところでは「ふしくろ」という品種があったと先の福嶋さんは書いている。[22] おそらく茎の節の部分が黒くなった品種であろう。わたしも節の黒い品種をみたことがあるが、その多くがモチ米品種であったと記憶している。それがなぜかはわからない。「赤○○」「黒○○」などの名称がどの時代からあるかはわからないが、この「ふしくろ」などは、田遊び歌の歌詞にも登場することから、遅くともこの時期より前の品種名であるとしている。

モチとウルチも、生産者と消費者にまたがって識別される重要な形質である。それだけに、その区別は大変重要で、品種名にも「○○もち」「○○モチ」などと「モチ」の字がついていることが多い。いっぽう、「△△ウルチ」などという品種名は聞かないので、当時からイネといえばウルチであり、モチイネは特殊なものとして考えられていたと想像される。同時にまた、「モチ」の名称がほぼ間違いなく品種名の最後尾に来ることにも注意を払いたい。たとえば、「赤モチ」「黒モチ」などの品種名はたくさんあるが、「モチ赤」「モチ黒」といった品種名にはほとんどお目にかかったことがない。おそらく、人びとはまずモチとウルチを区別し、それぞれに「符牒」をつけて品種を識別していたものと考えられる。

次々生まれる米料理

米も、調理法も多様

研究史上この時代の大きな特徴のひとつが、書き残された記録が使える点である。むろん記録は万能ではない。すべてのことがらが記録にとどめられているわけではないし、記録のなかには嘘《うそ》もあるだろう。考古学の方法の援用も欠かせない。しかもわかることは断片的で、全容の理解はとてもおぼつかない。しかしいくら記録が断片的であったとしても、それがその時代の様子を知るひとつの手がかりになることは確かであろう。

この時代の米は税としての確固たる地位を得ていた。当然にして、中央政府も、また地方政府も、むろん地域による温度差はありつつも、米の集荷にエネルギーを割いた。おそらくこの時代、米は蔵に収まるまでは穂束の形で、あるいは籾の形で保存されていた。そして出荷の際に搗いて「搗米」という形で出荷された。搗米についてはすでに四七ページで触れた。この時代の搗精《とうせい》は籾がらを外す「籾摺り」と一体の作業として、木や土の臼と木の杵とで行われていたと考えられる。いったん「籾摺り」して玄米を作り、その玄米を精米して白米にするというといまのプロセスとは違っていた。人びとは、玄米という存在は知っていたであろうが、玄米という商品は知らなかったと考えられる。そして搗米も、いまの白米などではなく、まだら模様になった半搗きのような状態のものだったと考えられよう。

いっぽう関根真隆はその『奈良朝食生活の研究』で、当時の記録から搗精歩合を一割と推定し、いまのそれと変わらないと考えている。たしかに現代では、玄米と白米を比べると重量で約一〇パーセントの違いがある。しかし、先に書いたように、奈良時代には経済的な意味での玄米はなかったと考えられる。杵と臼による作業では、玄米の状態で止めておくのは事実上不可能である。

同じ関根さんによると、本時代の初期にあたる奈良時代には一束のイネから一斗（約一八リットル）の籾がとれ、そこからは五升（九リットル）の米（白米）がとれたという。現代では、もちろん条件によって値は一定しないが、一〇〇グラムの籾はおよそ七〇グラム程度の白米になる。容積にしてもこの値が変わらないとすると、奈良時代にはいまより歩留まりが二割悪かった計算になる。理由はいろいろ考えられよう。当時は未熟の籾が多かったのではないか。未熟の籾は搗いても籾摺りはできず、籾がらと一緒に除かれる。また、搗精の度合いを高めようとして長く作業を続けると割れた米が多く出る。いまでいう「屑米」だが、これを除くと完形の米はさらに減る。あるいはこの二割は、作業者の手間賃が含まれていた可能性もある。つまり、「一〇の籾を預かれば五の米を提出すればよく、残りは作業者のものになる」、といったしくみがあったのかもしれない。

先にも書いたとおり、玄米を作ってそれから白米にするという現在のプロセスができたのは、おそらく、唐臼《からうす》などと呼ばれている籾摺り専用の臼ができてからのことである。そしてその作業ができるようになるまでには、水田稲作の渡来から二〇〇〇年を超える時間を要したのである。

この時代の米の種類は、その調理法とともにいまよりずっと多様であったと思われる。とくに、大唐米からモチ米まで、米の粘りのバリエーションの大きさが、調理法の多様性を支えていたものと思われる。そしてそうだとするなら「強飯」はどのような米を調理したのだろうか。強飯の調理法は「蒸す」「ふかす」などによるものと考えられるが、現代ではこの方法によるのはモチ米を使った「おこわ」くらいのものだろう。

これら文書が描き出す米は、身分の高い人だけのものだったのだろうか。あるいは、一般の人びとも、これら多様な米料理を知っていたのだろうか。先に引用した伊藤信博さんは後者の見解をとっている。わたしはこの点について判断を下す材料を持ってはいないが、やはりこの時代には一般の人びとにとっても、米の種類も、米の調理法も、いまよりずっと多様だったことであろう。「日本人は白い米を好む」「日本人は粘りの強い米を好む」との言説は、少なくとも次の時代以降のもの、ということになる。これらもまた、米をめぐる「作られた伝説」なのかもしれない。

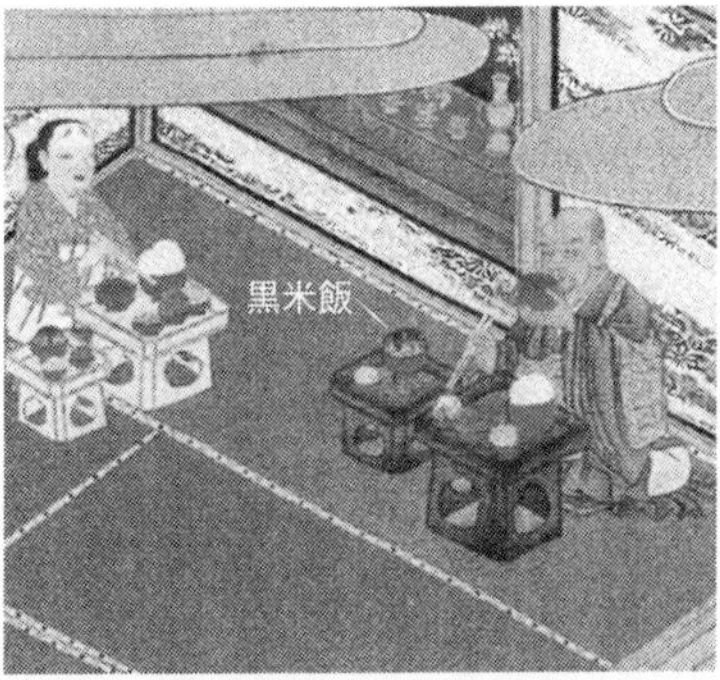

3―6 『酒飯論絵巻』の好飯律師
黒米飯（伊藤信博，クレール＝碧子・ブリッセ，増尾伸一郎編『『酒飯論絵巻』影印と研究――文化庁本・フランス国立図書館本とその周辺』）

なお、やや余談めくが、伊藤さんが引用する『酒飯論《しゅはんろん》絵巻《えまき》』の挿絵には主人公の一人である好《こう》飯律師《はんりっし》が米料理を食べるさまが描かれている。ここには幾種類もの米が出てくるが、そのなかに、黒い色をした「黒米飯」が描かれる。これは暗紫色の玄米を持つ黒米を半搗きにして調理したものと思われる。この黒米も、日本ではいまではほとんど栽培実績はないが、かつてはわずかながら栽培されていたようである。何百年も前の日本人が黒米を知っていたとすれば、米の専門家としては愉快な話ではある。

すしのおこり

すしといえば「にぎり」「巻きずし」などを思い出す人も多いだろう。そしていまやすしは世界に認知された和食の一品でもある。けれどもその姿は発祥以来大きく変化してきた。いまのようなすし、それも江戸前といわれるにぎりすしのおこりは一九世紀中ごろの江戸ではないかといわれている。そして、中世までのすしはなれずしから派生してきた米と魚を合わせたさまざまな発酵食品だったというのが定説である。(23) 石毛直道《いしげなおみち》は、すしを「初期水田稲作民の淡水魚の保存法として成立した食品」とし、そのおこりを水田稲作の広がりに求めている。普通ならすぐに腐ってしまう魚のタンパク質を、乳酸菌によって発酵させることで保存するという超絶技法だというのである。米は、乳酸菌のエネルギー源として使われたが、同時にそれは、これを食べる人にとって糖質源でもあるのだ。

要するにすしは、米がとれる土地で、米と同じく水田で獲《と》れる淡水魚を合わせて作られた食品ということになる。水田に生息する魚種は決まっている。それらは、水田とその周囲の灌漑施設という「水田のシステム」に固有の種類である。水田とそこに生息する魚種は、その意味で共進化を遂げてきたとみることもできる。

それゆえ、すしは日本固有の食品ではない。渡来の食品である。ではその日本への渡来の時期はいつか。日比野光敏《ひびのてるとし》は「平城宮址出土木簡にはすでに『鮨』や『鮓』の文字がみられることから、日本に伝来したのは少なくとも奈良時代以前のこと」としている。そのなれずしとはどのようなものであったか。何人かの研究者は、いま滋賀県の琵琶湖《びわこ》周辺でみられる「ふなずし」をそのおおもとと考えているようだ。しかし、日比野はこれに異を唱える。いま琵琶湖岸でみられるふなずしは「高度に完成された技術」の粋を凝らしたもので、原始的なものではとうていありえないというのである。

琵琶湖のふなずしの評価はともかくとして、すしがいまのようなすしになるにはどのような経過をたどったのか。日本各地に残る、古い形態をいまにとどめるといわれる各地のすしの進化系統樹を奥村彪生《おくむらあやお》[24]に従って描いてみる（図3―7）。

図にあるように、すしの原型は大陸部東南アジアにあるものと考えられる。日本にすしがやってきたとき、あるいはやってきてすぐ、すしは二つのタイプに分かれた。ひとつは麴《こうじ》を使わずに魚の細胞がもつタンパク質分解酵素や乳酸菌を使う「なれずし」のタイプ、もうひとつは麴を使って発酵させるタイプである。いまに残るものとしては、前者が琵琶湖岸のふなずし、後者が日本海側のハタハタすし、カブラすしなどがある。

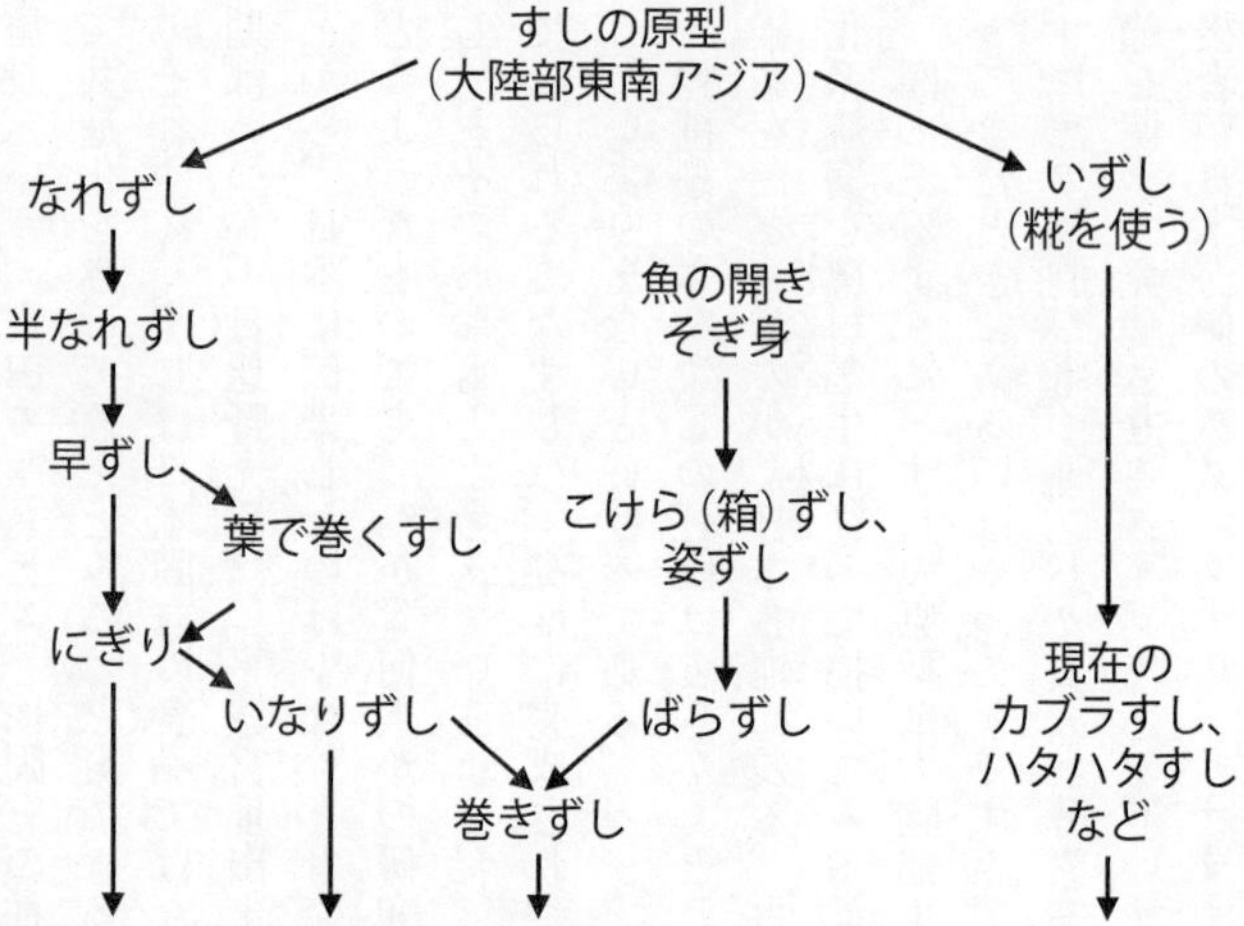

3—7　すしの進化系統樹（奥村，2002による）

前者はその後、半なれずし、早ずしと姿を変え、途中葉で巻くすし（柿の葉ずしなど）を分岐させながらやがて江戸のにぎりすしへと展開してゆく。またこれとは別に、開いた魚やそぎ身をこけら（箱）にしたすしや姿ずしが生まれ、さらにこれからばらずしが分化した。

さてすしという食品が現れたのはタンパク質の保存性を高める方策としてであったと書いたが、ほかにもその保存性をさらに高めるための工夫も盛んになされている。たとえばサバは日本近海の魚種のなかでも傷みやすい魚種にあげられ、鮮度を保ちながら遠方に運ぶのは冷蔵装置や車のない時代には大変な作業であった。そこで、傷みを少しでも軽くするためにサバに塩をして運ぶ方法が編み出された。日本海側で水揚げされ塩をしたサバは、いわゆる鯖街道《さばかいどう》を通って京都や大坂に運ばれた。この塩サバを使い、すし飯を合わせたのが鯖ずし（鯖寿司）である。

葉で巻く米料理

日本はじめモンスーンアジアには、植物の葉で巻いた食品がたくさん知られる。おそらくそれらは太古の時代からあったものと思われるが、記録に登場するようになるのはこの時代からのことといってよかろう。

米料理にも葉で巻くものがたくさんある。とくに、米の粉や、なかでもモチ米を使った米菓子に多いように思われる。日本で記録上もっとも古いのは『和名類聚抄《わみょうるいじゅしょう》』にある粽《ちまき》とされるが、モチ米を何かの葉で巻いて灰汁汁で煮込んで作る灰汁巻きのようなものであったらしい。京都市内にある粽の老舗「川端道喜《かわばたどうき》」の記録によれば、同舗の粽はクズを原料としササの葉で巻いたもので、その起源は一五七〇年ころにさかのぼるという[25]。その後粽にはさまざまな種類のものが発明された。使われる葉は、ショウブ、ササ、マコモ、ヨシと多岐にわたり、また巻かれるでんぷんも、クズのほかモチ米やウルチ米の粉など、これまたさまざまである。服部《はっとり》保《たもつ》[26]らによると、粽を何の葉で包むかには強い地域性がある。具体的には図3―8のようで、東北地方の日本海側、北陸、近畿北部、中国地方と九州北部ではササが、近畿南部から四国、九州全域にかけてはススキ、チガヤ、ヨシ、マコモがよく使われる。

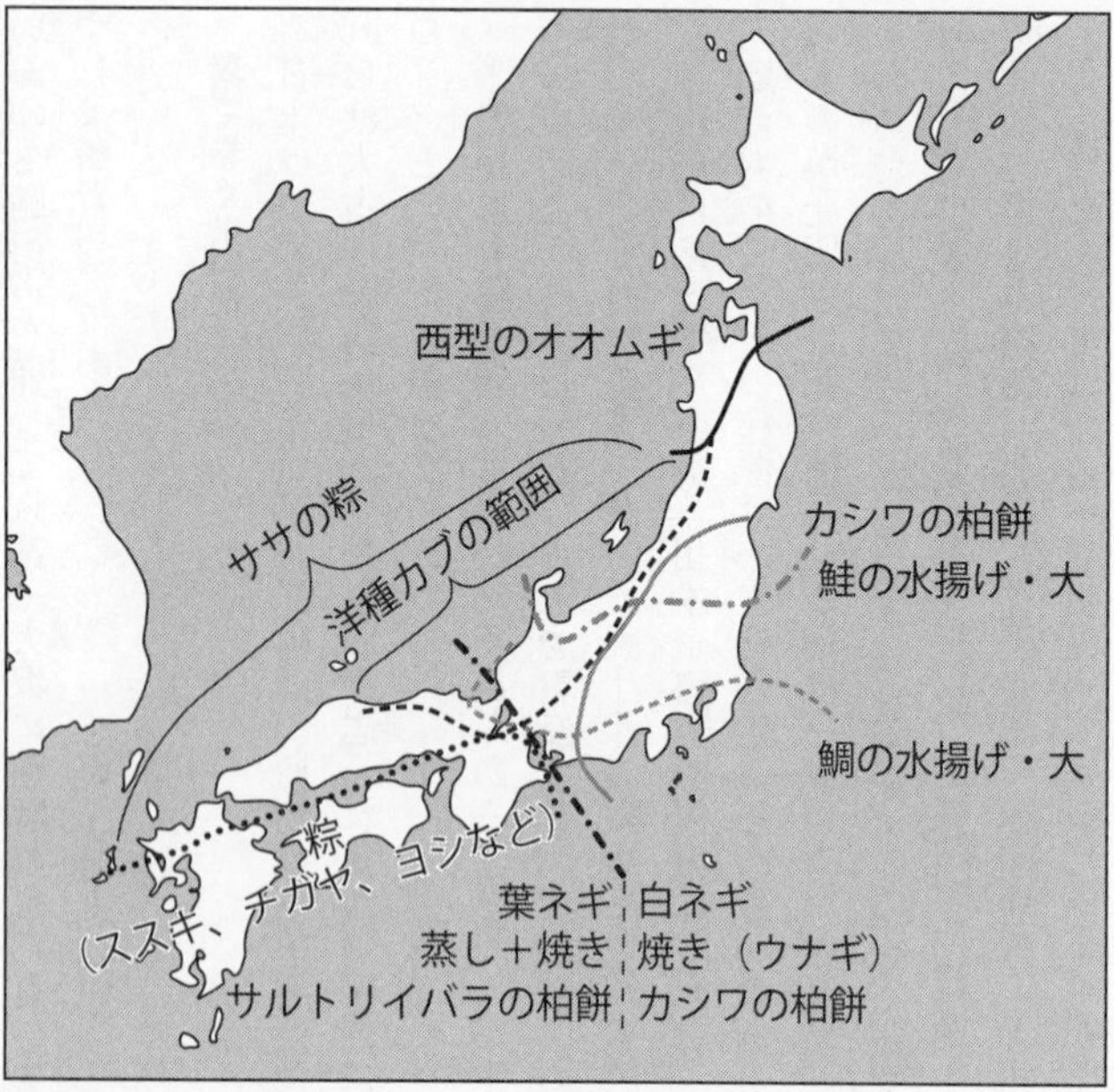

3―8　食の東西分布（服部・南山・澤田・黒田、2007に加筆）

図をみると東北地方の太平洋側から関東、東海にかけての地域には粽自体が作られない空白地帯があることがわかる。じつはこの地域は柏餅《かしわもち》の産地になっている。

そして柏餅を包む葉に注目すると、東日本と西日本で大きく違う。東日本の柏餅はカシワの葉が使われるが、西日本のそれはサルトリイバラの葉が使われることが多く、しかもその名称は地域によってまったくまちまちである。このように、粽、柏餅と一口にはいうものの、その実態はじつに多様である。

葉で巻く米料理としてもうひとつ典型的なものとして桜餅をあげておこう。桜餅をはじめて作ったのは徳川吉宗《とくがわよしむね》のころの江戸向島《むこうじま》の人であったという。このときの東京の桜餅はいまのそれと大きくは変わらず、米粉と浮粉《うきこ》（コムギでんぷんの粉）を混ぜたりして薄く焼いたクレープを使ったものであった。和菓子といえばその起源は上方《かみがた》（京都、大阪を中心とする近畿一帯）だろうと思っていたが、こと「桜餅」についていえば、その反対である。そして上方の桜餅はクレープではなく、道明寺粉《どうみょうじこ》を使っているのも大きな特徴である。道明寺粉は、モチ米の強飯《こわめし》を乾燥させたもの（これを糒《ほしいい》という。図3—5）を砕いて粒状にした食品である（図4—14）。糒は、保存食品として使われてきた。旅のおとも、あるいは戦時の兵糧といったところだろうか。

鯖ずしは作った後はタケの皮で巻いておかれた。吉野《よしの》地方の「柿の葉ずし」は、鯖ずしを柿の葉でくるんだものである。なお最近はサバ以外の魚も使われている。どちらも作ってから葉で巻いて一日おいたものが葉の香りが魚や飯に移ってたいへんにうまい米料理である。

食品を葉で巻くのはなぜだろう。モンスーン地帯で植生が豊かで、それだけに葉が豊富に使えたというのも理由のひとつだろうが、わたしはもうひとつ理由があるのではないかと思っている。それは、これらの葉のいくつかが、抗菌や除虫作用を持っていると考えられることである。たとえば、桜餅に使うサクラの葉にはクマリンが含まれる。ササ、タケや柿の葉にも強い殺菌作用があることが古くから知られる。鯖ずし以外にもタケの葉でくるんだ食品としては先述の「灰汁巻き」もあり、結果として殺菌力を高めるのにつながっている。

なお、粽は、中国などではササなどの葉でモチ米をくるんでそれを蒸すのが一般的である。

そして日本のような菓子の性格とは異なり、なかに肉を入れたり醤油味をつけたりした、飯の性格を持つものである。わたしも一九八〇年代に一度台湾でこのタイプの粽を食べたことがある。豚の三枚肉を長時間醤油で煮込んだものをモチ米でくるみ、タケの皮で包んで蒸したものであった。

米粉

穀類の種子を粉にするには石臼が必要である。日本列島にも、「気配と情念の時代」には粉食文化があった。ドングリなどをすりつぶし、水にさらして灰汁を抜いたものと考えられる。ドングリのなかには強い灰汁を持つものがあって、種子のままでは煮ても焼いても食べられない。そしてこのすりつぶす作業には、原始的な臼——石皿とすり石——が使われた。日本にも、粒食の米食文化が渡来する前には粉食文化が息づいていた。そして本章の時代の臼は回転臼である。この回転臼は、ちょうどこの時代に渡来した、うどんのようなコムギの麺や豆腐などの食品を作るのに必須の道具であった。どちらも、精進料理の基本的な食材である。こうした道具や技術が米に転用され、上質な米粉が作られるようになったのであろう。

ところで、米を粉にして食べるのはどうしてか。米は、世界的にも粒のまま食べられることが多い。そこがコムギやトウモロコシと大きく違う点である。それなのに菓子に関してはどうしてわざわざ粉にしなければならなかったのか。これについて民俗学者で神職の神崎宣武《かんざきのりたけ》は屑

３―９　行事食

１月①正月	１～７日	おせち料理　**雑煮**　**お屠蘇**
②人日	７日	**七草粥**
③鏡開き	11日	**おしるこ**
④小正月	15日	**小豆粥**
⑤二十日正月	20日	**小豆粥**
２月①節分	３日*	福豆　**恵方巻き**　（鰯）
②初午	９日*	**いなり寿司**
３月①桃の節句	３日	**ちらし寿司**　蛤のお吸い物　**白酒**　**菱餅**　**ひなあられ**　**草餅**
②彼岸	17～23日*	**ぼた餅**
４月①花祭り	８日	甘茶
②花見		**花見団子**
５月①端午の節句	５日	**柏餅**　**粽**
６月①夏至	21日*	タコ（関西地方）
７月①半夏生	２日*	タコ（関西地方）
②七夕	７日	そうめん
③お盆	15日	精進料理　**白玉団子**　そうめん　**型菓子**
④土用の丑の日	21日*	うなぎ　**土用餅**　土用しじみ　土用卵　「う」のつく食べ物
８月①お盆（月遅れ）	15日	精進料理　**白玉団子**　そうめん　**型菓子**
９月①重陽の節句	９日	**菊酒**　**栗ごはん**
②彼岸	19～25日*	**おはぎ**
10月①十五夜	１日*	**月見団子**　**栗ごはん**　豆　里芋
②十三夜	29日*	**月見団子**　**栗ごはん**　豆
11月①七五三	15日	**千歳飴**
12月①冬至	21日*	かぼちゃ　**小豆粥**
②大晦日	31日	年越しそば

太字は米を用いるもの。*は2020年の日付を示す（年によって移動）。koyomigyouji.com などによる

米をうまく利用するための生活の知恵であるという。昔の米びつでは、米は上から入れて上からとってゆくので、下のほうには砕けて粉のようになった屑米が溜まってゆく。それらは普通に炊かれることはないが、かといって捨てるのはもったいない。そこでこれらを粉にして使うようになったというのである。この説にはたしかに説得力がある。表3—9によると、各地に残された行事食約四〇のうち米を使ったものは二〇以上ある。そして、これらのうち米粉を使ったと思われるものは、米の端境期に近い晩春から夏にかけてのものが多い。さまざまな行事食が形を整えたのは、おそらくはこの時代の終わりころのことらしい。米粉の用途も、このころまでに広まったものであろう。

粉食の伝統は、日本でも非常に古い。というのも、「気配と情念の時代」から粉食は広く行われてきた。粒食の歴史のほうが新しいのである。わたしは、水田稲作の前に日本にやってきていたであろう米は粉にして食べられていたのではないかと考えている。それも、米だけではなく、他の穀類や堅果類などと混ぜて。それだからこそ日本社会は麦の文化をすんなりと受け入れることができたのではないか。

さらに興味深い指摘もある。天候不順の年などには、米の収穫時、登熟《とうじゅく》不良の米が出ることがある。登熟とは受精後種子が稔る過程のことで、開花後の環境の不良により登熟がうまくゆかないと縮んだ粒やしわだらけのやせた粒が多く出る。あるいは、不透明の緑色を呈した、俗に「死に青」と呼ばれる粒になる。こうした粒は石臼で碾《ひ》いて粉にし、団子にして食べる風

習が長野県の諏訪《すわ》地方にはあったと野本寛一《のもとかんいち》は書いている。(27)

米が粉に碾かれた理由は屑米や登熟不良米の有効利用ばかりではないだろう。粉にする最大の利点は異なる作物の粉を混ぜることができる点にある。モチ米の粉とウルチ米の粉を混ぜるなど、粉ならではのことであろう。和菓子についていえば、ほかにも、モチ米の粉である白玉《しらたま》粉《こ》と葛粉《くずこ》を混ぜたり（たとえば水無月《みなづき》）、薯蕷粉《じょうよこ》（ヤマノイモの粉）と米粉を混ぜて作る上用饅《じょうようまん》頭《じゅう》（ほんらいは薯蕷饅頭）などの用法があるが、これらは穀類を粉にすることではじめて可能になった食品である。

なお、日本ではあまりみないが、アジア各国には米粉ならではの食品がたくさんある。ベトナムの生春巻きに欠かせないライスペーパーは米粉を水で溶いたものを薄く延ばし、蒸気を当てて作る。米の麺は、ベトナムのフォーをはじめ、中国南部からインドシナ各地にさまざまな太さ、硬さのものが多数存在する。人びとは、とくに忙しい朝食に、この米の麺をスープヌードルにして、屋台などで食べる。あっさりした鶏《とり》がらのだしが利いていて、なかなかにおいしい。

ラオスには、米粉を混ぜたバゲットがあるらしい。ラオスはモチ米の国である。使う米粉もモチ米の粉だということであった。「らしい」と書いたのは、向こうの研究者から聞いた話ではあるが、自分の目で確かめたわけではないからである。首都ビエンチャンの製パン工場をもういくつも訪ね歩いたが、米粉を混ぜて作る現場にはまだ行き当たらない。判で押したように、粉はベトナムから輸入したものを使っているという。バゲットがあるのはラオスがフランスの植民地であった歴史ともちろん無関係ではない。そうでなければ、コムギなどとれない熱帯のこの国にバゲットなどあるはずもないだろう。

米粉のパンは最近では日本にもある。いまはやや下火だが、一時は米粉一〇〇パーセントのパンが流行ったりもした。そのためのパン焼き器までが販売され品切れになるほどの流行をみせた。わたしもときどき強力粉と白玉粉を混ぜてパンを焼いてみるが、モチのねばねばに似た食感が残るうまいパンになる。

酒もまた米料理

米料理で忘れてはならないものに「酒」がある。米の酒は米のある地域ならどこにでもあるが、それらを醸造酒と蒸留酒に分けて整理しておこう。日本の代表的な醸造酒は清酒である。醸造酒にはほかにも、朝鮮半島のマッコリ、中国の紹興酒《しょうこうしゅ》(紹興は、中国浙江省の地名)などがよく知られる。中国には紹興酒以外にも米の醸造酒があり、それらは黄酒《ホアンチュウ》と呼ばれている。東南アジアにもモチ米の醸造酒が知られている。素焼きの甕《かめ》に蒸した籾つきのモチ米を入れて麹菌と酵母を加えて作る。飲むときはこの甕に水を加えてかき混ぜ、ストローを突っ込んで飲む。

モチ米の醸造酒を蒸留した酒も、東南アジア、とくにインドシナ半島には散見される。モチ米を黒麹《くろこうじ》を使って糖化し、酵母でアルコール発酵させ単式蒸留するプロセスは、東南アジアの各地にみられる。このモチ米の焼酎をそのままの形で輸入したと思われるのが沖縄の泡盛《あわもり》である。材料から製法まで、ほとんど同じである。ただし現在の泡盛の主原料はタイ米であるものの、それがウルチ米であるかモチ米であるかは分からない。ほかにも、日本には米で作った蒸留酒が九州などにある。

さて、日本の米の酒はいまでは清酒がほとんどである。その作り方は、ごく大雑把《おおざっぱ》にいうと、米を蒸しそこに麹菌をまぶして作った麹、水、蒸し米（掛米《かけまい》という）、さらに糖をアルコールに変える酵母を加えて発酵させる。一定の時間後これを絞ってさらに濾過《ろか》して清酒を作る。つまり、でんぷんの糖化と糖の発酵を同時に進める。こうしてできた酒を袋に入れて搾り、上澄みだけをとったものが清酒である。

日本酒の起源はよくわからない。文献上は『大隅国風土記《おおすみのくにふどき》』にまでさかのぼることができるようだが、起源の場所や時期をひとつに特定するのは難しいだろう。米の精白がまだ困難であったことから、この時代の初期には酒の品質も低かった。麹、掛米の両方に精白米を使って作った酒を「諸白《もろはく》」といい、これがいまの日本酒に近い形といわれるが、そのおこりは精白技術の普及以降のことであろう。杵と臼で米を搗いていた時代には精白米を大量に作ることはできなかったからである。

前の時代までは、ごく一部を除いて、酒を醸すのは飲む人の作業であった。しかし、この時代になると、酒造の専門職が都市に登場する。この時代の後半からは米は都市に運ばれるようになり、したがってそこで酒が醸される環境が整った。いくら腐りにくい食品であるとはいえ、翌シーズンにはまた同じだけの米が集まってくる。その米の消費の一形態が酒であった。行事のために人が集えば酒席になる。京都には酒造業者がいくつもあって、それぞれが麴の生産と管理をしていたようである。しかも酒造業者は業界団体を組織して富を独占していた。ということは、酒は大掛かりな生産体制によって、恒常的に作られ、飲まれていたことになる。

米と麴を使って作る食品として、もうひとつ、味噌を忘れるわけにはゆかない。とくに京都や大阪で消費量の多い白味噌では重量の大半が米麴である。京都では白味噌を使った甘味もあるが、それもうなずける。

米食の思想と信仰

米食と肉食

思想や信仰はいつの時代の人びとの心にもある。であるから、本章にこの節をおくことにためらいがないわけではないが、ここでこの問題に触れておこうと思う。

日本人は長い期間、仏教の教えなどのために肉食をしない民族であるかにいわれてきた。本章の時代のはじめごろ、政府は肉食禁止にかかわる一連の「触れ」を出している。最初の触れは肉食を禁ずる天武《てんむ》天皇の勅令（六七五年）であったことはよく知られている。ただし禁止の期間は毎年四月から九月の間、そして食するのを禁じられたのは牛馬などの家畜が中心であった。夏の間は稲作期間にあたる。この時期に肉食をすると、その血の「穢《けが》れ」が不作をもたらすと恐れられたという。だから肉食禁止は殺生禁断に結びついてゆく。(28)イノシシやシカが含まれていなかったことから、禁止令はウシやウマなど家畜を食うのを禁じていたのだという解釈もある。

同時に米は天皇が祭祀《さいし》の中心におく「聖なる食べ物」であり、そのなりわいである水田稲作は聖なるなりわいである。そこには、米食と稲作を肉食と狩猟の対極におく思想が見え隠れする。一連の勅令は、わたしには狩猟採集文化との断絶を意図した政策のようにも思われる。とくに夏は、稲作にいそしみ狩猟活動などにうつつを抜かすな、といっているようにも思われる。シカやイノシシはいまでも農作物を荒らす害獣である。それらを獲ることは、むしろ農耕というなりわいには必須の作業であるかにもみえる。だからこそ勅にはこれらが禁止品目に加えられなかったのであろう。

シカやイノシシなどの野生動物の狩猟とその肉を食べる行為は、焼畑の文化ではかなり一般的である。日本でも、南九州の産地では、山の集落の農家の軒先に、シカやイノシシの頭蓋骨を並べる風習がごく最近まで残されていた。それは、山の神に供えるいわば生贄《いけにえ》の性格を持っていたようだ。松尾容孝《まつおやすたか》は、宮崎県米良《めら》の焼畑文化を詳細に調べている。(29)その全容をここで要約することは紙幅の都合上できないが、興味深いのはこの地域の焼畑文化が狩猟のなりわいと深く結びついているという指摘である。ここでは、狩猟は季節性を帯びていて、もともと農耕社会に生まれたものであるという。つまり、縄文時代以来の狩猟採集文化の延長にあるのではないというのである。この部分についてわたしは意見を保留するが、焼畑と狩猟とが歴史的に深く結びついてきたとの指摘は興味を惹《ひ》かれる。狩猟はたぶんに遊動性を帯び、また大型の哺《ほ》乳類《にゅうるい》と対峙《たいじ》することから武器にもなりうる道具を持つ。肉食に対する「穢れ」やためらい以外にも、こうした面での違和感が、焼畑農耕の忌避につながっていったとしても不思議はない。

焼畑をめぐる問題として、母利司朗《もりしろう》は、文学の面から畑と畠の違いについて論じている[30]。字義からは、「畑」は火の畑、文字通り焼畑の「はたけ」を連想させるのに対し、「畠」は水田裏作の「はたけ」を想像させる。母利さんによると、この区別は本章の時代にははっきりしていたが、次章の時代、一七世紀ころにはあいまいになってゆくという。本章の時代には、社会は米と焼畑を切り離したかったのではあるまいか。

天武天皇の勅令以後日本では一二〇〇年の長きにわたり、少なくとも建て前の部分では肉食に対する禁忌が続く。その背景にあったのは仏教であろうが、むろん仏教そのものの教義に肉食を禁じる文言はないという。日本の仏教は列島各地にあった山岳信仰など先在の信仰と習合して、修験道のような独特の宗教を形づくっていた。そして修験道では、山での修行（峰入りなどといわれる）時には、肉食はかなり厳格に忌避されてきた。こうした、修験道と習合した日本仏教が肉食への忌避の性格を帯びてゆくのはある意味では必然的なことだったのかもしれない。

精進料理と米

修験道ばかりではなく、仏教のさまざまな宗派では折に触れて動物性タンパク質を忌避する。とくに禅宗の寺院では不殺生の教義により、修行僧の修行や大きな行事の際には精進料理が食されてきたところも多い。贅沢《ぜいたく》の戒めにもそった実践でもあるのだろうが、贅沢の戒めが肉食の禁止につながるのは、やはり動物性の食材の制限がどの時代にあっても人びとには苦痛であったことを如実に物語っているかのようだ。

実際、聖武《しょうむ》天皇以来同じような勅令や禁止令が繰り返し発布されているところをみると、人びとはあまりこれを守らなかったのだろう。だからこそ、繰り返し勅令が発布されたというわけだ。摂取量はそれほど多くはなかっただろうが、まったく食べなかったわけでもない。近世になると、イノシシの肉は「山くじら」の名称で、またシカ肉は「紅葉《もみじ》」の名称で食べられている。ウサギも、その淡白な味わいから鶏肉になぞらえて、一羽二羽と数えるなどして、つまり隠語を使って食卓に上らせていた。

この時代は厄災の時代でもあった。武家政権の誕生など政治的な大動乱に伴って世の中が混乱したときには末法の思想が広がった。そしてその直後には「本覚《ほんがく》思想」が登場し一般の人びとの間にも広がっていった。「草木国土悉皆成仏《そうもくこくどしっかいじょうぶつ》」などの語に代表されるように、世界のあらゆる存在、それも生物から無生物にいたるあらゆるものに「仏性」が認められるようになる。人のみならずあらゆる存在に仏性が認められると、それらの殺生は当然にして躊躇《ちゅうちょ》されることになる。輪廻転生《りんねてんしょう》の世界観では、前世の行いは現世での存在を規定し、現世での行いが来世の存在を規定するから、現生の畜生も前世には人間であったかもしれない。そこで、殺生をきらう思想が広まりをみせる。肉食の躊躇は、下からの動きになっていった。

ただし、それではこうした仏教や、これに習合した修験道の教義がそのまま精進料理というジャンルを生み育てたのかといえば、必ずしもそうではないようだ。上田純一《うえだじゅんいち》は、従来からのこうした機械論的な説に異を唱え、精進料理というジャンルの発達の陰には一種のブームがあったのだという(31)。次の時代に入ると、日本列島に住んだ人びとは、身分の高低や地域によらず、地域のどれかの寺の檀家《だんか》となることが義務づけられた。いまの戸籍にあたる宗門人別《しゅうもんにんべつ》改帳《あらためちょう》ができた。盆暮れや、結婚、出産、葬儀などの行事の折には寺に参る習慣がこのときに完成したとみることができる。寺では、寺の行事としていわゆる精進料理が出される。一般庶民が「精進料理」に接するようになったのはこのときからのことだといってよい。

精進料理という料理は、それればかりをずっと食べ続けるようなものではない。このことは、それ以前からの本膳料理やさらに昔から貴族の間にあった大饗《だいきょう》料理などにもいえることである。しかもこれらは特殊な身分の人びとの料理であった。それに、本膳料理のなかには、見るだけで実際は食べない膳もあったというから、庶民の感覚ではありえない饗応《きょうおう》のあり方だったともいえる。またのちに大いに発展した懐石（あるいは会席）料理もまた日常の料理とは異なる。これらの食事のジャンルはあくまで特殊な日の料理、ハレの日の料理なのである。そこには、「本音」と「建て前」とを区別する日本人の生き方が反映されているとみることができる。

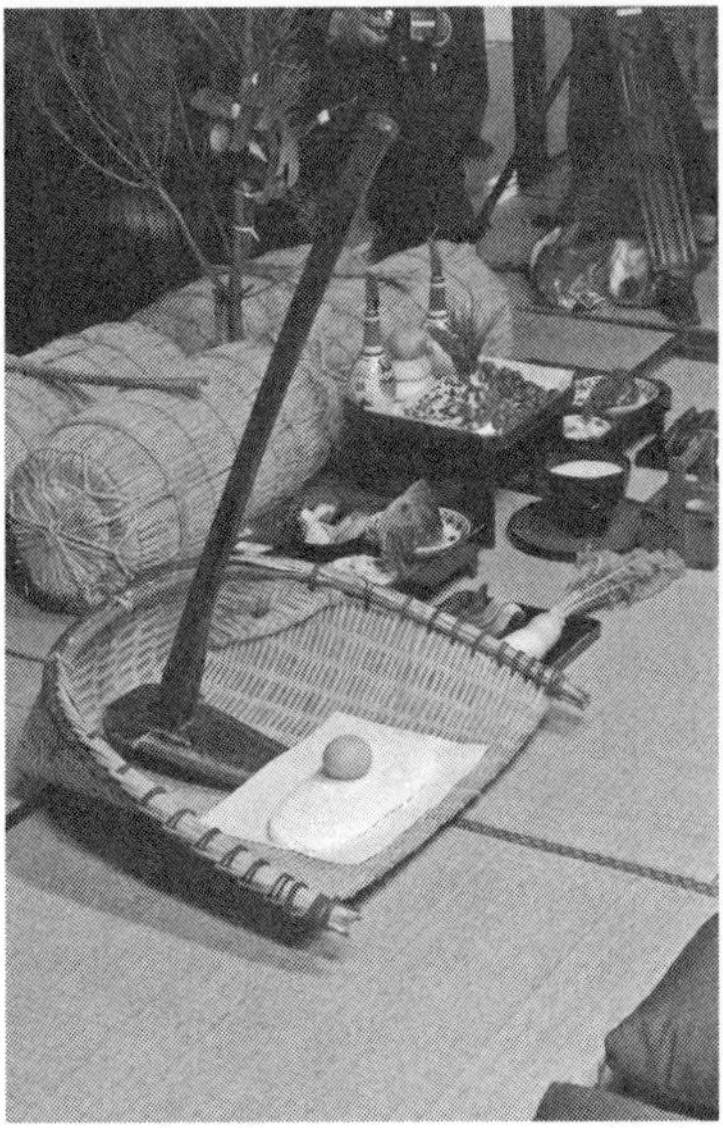
あえのこと

3―10　あえのこと

稲作や米食にかかわる行事もまた、時代とともに変化し昔の姿を長くとどめるものは少ない。だがなかには、人びとの世代を越えた絶えざる努力により、昔を今にとどめるものもまた存在する。前章の時代からの行事はさすがに無理としても、本章の時代に生まれたもののなかには当時の姿をいまに伝えていると思われるものもある。

二〇一三年の冬、わたしは人間文化研究機構の研究者らとともに、石川県能登《のと》半島一帯で古くから行われてきた行事である「あえのこと」の見学に出かけた。あえのことは、この地方の年末年始の神事で、田の神様を新年の自宅に招き入れてもてなす。もちろん神様が目にみえるわけではないので、行事は一種のパントマイムのようなものになる。それでも、年末にお招きした神様にお風呂に入ってもらったり、ごちそうでふるまいをしたりする。そして年が明けるとまた田に帰っていただくのである。

観光ブームの到来であえのことも有名になり、最近は「神も仏も信じない」大勢の観光客が押し寄せる。ほんらい地域の行事であったそこに、よそものが入り込んでいる。その良し悪《よ あ》しはここでは語るまい。その大勢の観光客が見入るなか、地域の人びとには大いに迷惑であるに相違ないのに、それでも行事は粛々と行われた。わたしも見学を十分に楽しんだ。

あえのことはそれぞれの家庭で執り行われる。それなので、家々により、やり方も違えば出すごちそうの種類も違う。わたしも何軒かのお宅のまつりをみせてもらったが、その違いが際立っていて興味が尽きなかった。しかしどの家にも共通するのが、祀《まつ》られるのが田の神だというところである。出される料理はどの家ともじつに豪華だ。そしてどの家でも出すのが、白い飯と餅、魚、野菜の煮しめなど。料理は朱塗りの銘々膳に載せられ、座敷の床の間の前で田の神様にふるまわれる。そのごちそうは神様が召し上がったあと家族のみなで食べる。神人共食の形がそこにはある。魚菜は家庭によって違いをみせるものの、飯と餅だけは普遍的である。

祀られるのが「田の神様」である以上は当然のことなのかもしれない。餅は、鏡餅とのしもちを両方供えることもある。飯に加えて、米俵を祀ることも多いようだ。

あえのことは冬の行事であり、一年を通じて行われる農耕の作業にまつわる農耕行事のひとつ、おそらくは正月の諸行事を包摂するハレの行事だったものと思われる。そしてこうした行事は、かつては日本中いたるところにあったものだったはずだ。第６章でも触れるが、当時の行事はある意味で神事でもあった。村人が協力し、みんなでその日と行事を支えるのが祭りであり、みんなで捧《ささ》げるものだったのだろう。

日本海に突き出た半島のこと。能登の冬は寒く、雪も多い。吹雪《ふぶ》けば足止めを食うこともしばしばである。祭りはその冬のさなかに執り行われる。能登空港の開港など明るい話題もあるが、かつては先端近くまで伸びていた鉄道の廃線が続くなど、過疎化はじつに深刻である。それでも、人びとは祭りを守ってきた。歩けば、この地は食材の豊かな土地でもある。新鮮な魚介、いしる（いしり）などの発酵食品があり、また、塩田での製塩、水あめ作りなどの地場産業も残されている。あるいは輪島塗に代表される漆工芸の一拠点でもある。ここが北前《きたまえ》航路全盛の時代には大いに栄えたその名残りなのかもしれないが、ここでも米はこうした食文化の中心に座ってきた。いまや観光地化した「能登の千枚田」のように、狭い土地を工夫して水田を開いてまで、人びとは米を大切にしてきたのである。

稲作行事の供物

「あえのこと」の行事に限らず、米とその産物である餅や酒は供物の対象でもあった。太陽太陰暦のシステムを持っていた当時の日本では、季節ごとの節目《ふしめ》には神に祈り供物を備えた。とくに五節供（人日《じんじつ》・一月七日、上巳《じょうし》・三月三日、端午・五月五日、七夕《しちせき》・七月七日、重陽《ちょうよう》・九月九日）の節供の風習はいまも残されている。それは、社会的に規定された「ハレの日」でもあった。神崎さんによると、五節供の祝いは江戸時代に始まった。神に供える供物でも、七夕を除けば米料理という形で共通している。それらをあげると、人日の節供の七草がゆ、上巳（桃の節供）における「草餅」や「菱餅」と「白酒（または桃花酒）」、端午の節供の「柏餅」「粽」と「菖蒲《しょうぶ》酒」、七夕の節供の甘酒、重陽の節供の「団子」や「菊酒」というわけだ。(32) なお、人日の節供は直前に大正月があって、「屠蘇《とそ》酒」と「餅」が出される。

七夕の節供に米料理がないのはこの時期が米の端境期だからだろうか。また旧暦の七月七日ころは一年のうちでももっとも暑い時期にあたり、当時の技術では酒をうまく醸すことができなかったらしい。それで七夕の酒は甘酒（一夜酒）になっているともいわれる。一夜でできる、アルコール分のない酒を飲むというわけだ。また、九月の重陽の節供の米料理が団子なのは、当時七夕同様米の端境期にあたるこのころ、「櫃《ひつ》の底部には小米（割れ米）混じりの米が溜まってくるのである。それを篩《ふるい》でとおして並の粒米と小米とに分ける。粒米は飯に炊き、小米は粉にして団子にする」からだと先の神崎さんは書いている。日本人の米に対する「こころ」は、このあたりにも源があるのではないか（一二六ページ）。

ほかにも日本各地に稲作の行事にまつわるさまざまな供物がありその多くが米料理としていまに残されている。その一部を一二七ページの表3―9に載せておく。そして興味深いのは、それら米料理のなかには同じ名称を持ちつつも内容はずいぶん異なるものがたくさんあることだ。一二三ページに書いた柏餅と粽はその代表例といってよいだろう。

このように、この時代には節供など社会の構成員全員に共通する儀礼の場に米の料理が登場する。むろんそのことは、個人や家庭固有の儀礼である冠婚葬祭の場にも広がり、ハレの日にはモチ米の赤飯を炊いて祝ったりするようにもなった。米とその加工品は、このころまでに特殊な食べ物という地位を築き上げたのであろう。いずれにしても、節供に限らず行事に餅と酒がついて回るのは、先の時代に生まれ、この時代に社会に根づいた習慣であるとみてよい。それらは、行事を支える重要な要素であり、だからこそいまにも伝わってきたのである。単に腹持ちがよいから、あるいは酔いの快楽が得られるからというだけの理由で食べ続けられ飲み続けられてきたのではない。

白の追求

精米された米粒（白米）は何色だろうか？　「白」と答える人が多いだろう。しかし実際その色は色彩学的な意味での白ではない。色彩学的には「白」というのは、たとえば太陽光のような、可視範囲にある波長の光が均等に混ざった光（白色光）をすべてまんべんなく反射したときにみえる色をいう。つまり、白を表す特定の波長はないし、また真に白い物体というものもない。あるのは白くみえる物体ばかりである。

白米もまた色彩学的には白っぽくみえる物体ではあるが、やや黄色みがかった白色をしている。精白される前の玄米の色は「飴色《あめいろ》」などと表現される。むろん赤米は赤、ないしは赤褐色と書かれる。

白という語には、こうした色彩学的な定義とは異なる別の意味がある。この語には「白々しい」「しらける」などの否定的な意味もあるが、「明白」「潔白」など肯定的な意味もある。要するに「白」には観念としての白とでもいうべき意味がある。そして白くすることは、清める、純粋なものにすることを意味する。

米に関していえば、「白」は白米を意味する。その対語である玄米の「玄」は「黒」を意味する語である。精白という過程は黒を白にする過程である（四七ページ）。臼で米を搗き、できた搗米をさらに研いだのである。搗米の語は経済文書に登場する語で、流通した米、つまり搗いてできた米をいう。その実態は、玄米でも白米でもない、モノとしてはまだら模様に搗かれた米であったと思われる。字にすれば、それは黎《れい》（アワのこと）または糲《れい》（粗いの意）にあたると思われる。『全訳漢辞海』「糲《レイ》」には「豆麦雖糲、亦能愈飢（豆麦糲しといえども、またよく飢えをいやす）」との『論衡《ろんこう》』の一文が引かれている。研ぐとは、搗米の残った糠の部分を取り去り、白米にすることである。つまり、白にする行為なのだ。

厄災の時代の稲作

話は飛ぶが、二一世紀は災害の世紀になるのではないかといわれている。一九九五年の阪《はん》神《しん》・淡路《あわじ》大震災以来、大きな地震が幾度も日本列島を襲った。集中豪雨などによる洪水などの被害が明らかに増えているとも感じる。地球温暖化の警告が浸透するとともに市民の環境に対する関心が高まったこともあって、二一世紀が災害の世紀になるかもしれないと懸念する人は増えている。災害は等頻度で起きるとは限らない。原因はわからないが、災害の多い世紀と少ない世紀の違いは明らかに存在する。

過去にも、研究者たちが「災害の世紀」と呼ぶ時代がいくつかある。この「米づくり民営化の時代」にもある。ひとつは八世紀から九世紀にかけて、そしてもうひとつはこの時代の後半、一三世紀ころである。一二世紀ころになると記録の数も増え、社会の様子もだいぶつまびらかになる。その引き合いによく出されるのが鴨長明《かものちょうめい》の『方丈記《ほうじょうき》』である。

『方丈記』には、一二世紀に都周辺を襲ったさまざまな災害が細かに記されている。一一八〇年の大きな竜巻（であろうか）、同八五年の地震などの自然災害のほか、「養和《ようわ》の飢饉（一一八一～八二年）」とその前後に相次いだ台風や洪水のほか、大火事（一一七七年）や飢饉に伴う混乱などが訪れた。『方丈記』はそれを体験した鴨長明の人生観を記したものとみることができ

3—11　寛政9年に立てられた草木塔（米沢市大字入田沢字白夫平）（写真・米沢市）

るが、それにしても災害が多発している。

世は、末法思想に侵されていた。仏教界に本覚思想が広がったのも、先述のとおりで、一面では殺生がはばかられる時代だったのである。災害のなかには、六一ページにも書いたように、害虫による被害も甚大であった。各地に、「虫送り」という祭りが残るが、これは、害虫を送る、つまりこの村から出ていってくれと祈願する祭りである。害虫といえども殺さない。日本の稲作史上、ウンカによる大凶作や飢饉は記録にあるだけで数度に及ぶ。それでも、人びとはウンカを根絶やしにしようとは考えなかった（第4章一六六ページ参照）。

映像作家であり民俗学の研究者でもあった姫田《ひめだ》忠義《ただよし》が語るように、焼畑に伴う野焼きの作業では、作業者は「翅《はね》のあるものは飛んで逃げよ、地を這《は》うものは這って逃げよ」と祈ってから大地に火を放つ。無用な殺生は、ここでも回避されるのである。

おそらくは本覚思想の影響を受けたものと思われる同種の伝統はまだほかにもある。いましきりに取りざたされる捕鯨についても、鯨塚《くじらづか》と呼ばれる「クジラの墓」が全国各地にある。

山形県米沢市《よねざわ》には「草木塔」という、雑草の供養塔がある。除虫も草取りも水田稲作のなりわい上、避けて通ることのできない作業だったのだ。そして農産物たるイネ、米を守る立場からやむなく殺生にいたった動植物を供養するその精神性は、おそらく家畜の飼養を旨とする生業文化には育たなかったものである。

この時代の最終盤には、日本の国土の平らなところはおおかた、人の手の加わった農耕地にされてしまう。残された土地は生態学的にはいわゆる「奥山」であり、人びとにとっては異界であった。異界は、里の民には魑魅魍魎《ちみもうりょう》の棲む世界であった。魑魅魍魎には天狗《てんぐ》、山姥《やまんば》などのいわゆる「妖怪《ようかい》」が含まれる。そこは、たぶん、狩猟・採集民の最後の楽園であったのではないだろうか。同時に野生動物の狩り場は、水田を中心とするいわゆる「里山」とは異なる。かといって、それは奥山でもない。村落から日帰り圏内にある緩衝地帯のようなところが狩り場であったと考えるのがよい。緩衝地帯の開発は野生動物の生息の場を狭め、狩猟・採集という生業の範囲をも狭めていった。つまりこの時代の稲作の展開は、狩猟採集文化の衰退であがなわれたのである。

第4章　米、貨幣になる――米食文化開花の時代

豊葦原瑞穂の国はどう作られたか

「多すぎる水」にあえぐ

前の時代の終末期は戦乱の時代ではあったが、戦乱という語からくるイメージとは裏腹に、この時代は諸制度が着々と整備された時代でもあった。「太閤《たいこう》検地」は、関連の法整備を伴って、全国の土地をその生産性によって評価を定め、かつまた権利関係を整理するものであった。それは単に経済システムである「米本位制」の完備であるにとどまらず、度量衡の統一などをも含む、一種の「文明システム」の構築であったともいえる。「米本位制」といういい方の根拠はほかにもある。当時の日本では、江戸では金が、大坂では銀が、それぞれ通貨として使われ、その為替レートも変動相場制であった。レートの換算のために米が使われていたという。

つまり米は実質的に金、銀の価値を位置づける役割を果たしていたともみえるという。

江戸幕府は、大名のみならず朝廷や寺社への管理制度を整えて幕藩体制を完成させていった。その中心にあった制度のひとつが石高制であった。土地の生産性は実測値に近い形で評価され、積み上げられて藩の経済力を表す数値になった。「加賀《かが》百万石」などのいい方はこのようにしてできたものである。また、年貢の高も、かなり厳密に決められていた。米が経済の中心に据わったことで、どの藩も米の増産に血道をあげた。「農書」を出し、農民教育に熱心であった藩、灌漑設備などのインフラ整備に精力を注入した藩など、方法はいろいろであった。そしてそのひとつに農地の拡大があった。

現在、日本の水田面積はざっと二四〇万ヘクタール（二〇一六年）。米の消費の減退や生産調整などによってその面積はずいぶん減ったが、それでも国土の六パーセント、農地の五四パーセントは水田である。こうした数字だけをみていると、日本列島の相当部分を水田が占めているか、占めてきたかに考えがちである。豊葦原瑞穂《とよあしはらのみずほ》の国といわれるゆえんである。だが、日本の国土が、こうも水田中心になったのは三〇〇〇年間に及ぶ日本人の血と汗があったからこそである。

時代を追って調べてみると、日本列島が三〇〇〇年間ずっと稲作に向いていたという言説が決して正当ではなかったことがみえてくる。いまは日本有数の大穀倉地帯である新潟平野では、景観はおそらく一九二二年ころを境にして大きく変わった。それまでそこは大規模な低湿地帯

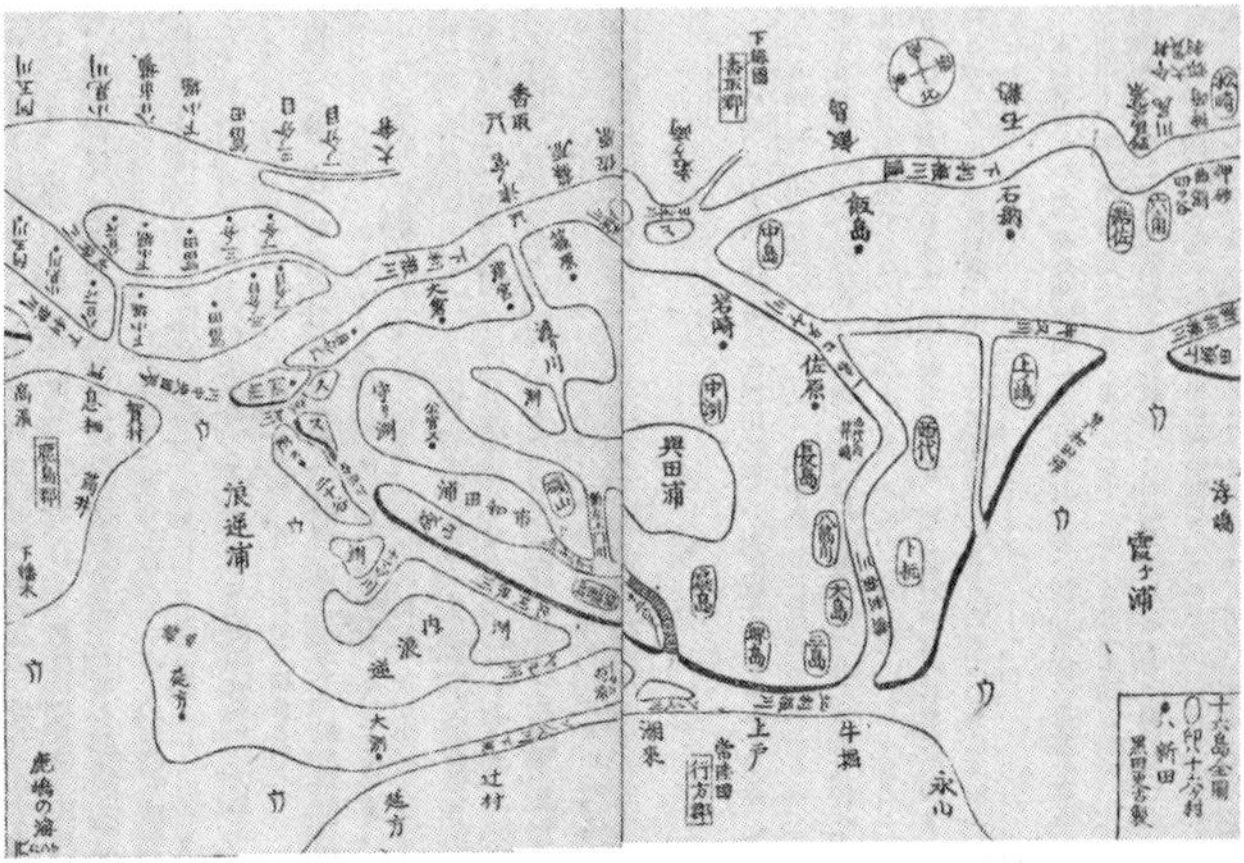

4—1　水郷地帯の十六島の古地図　上が南を示す（赤松宗旦『利根川図志』岩波文庫，1938）

だった。秋田平野もまた、それまでの巨大潟湖《せきこ》であった八郎潟《はちろうがた》の干拓事業によって日本ではまれな大規模水田が誕生した。干拓事業によって出現した大穀倉地帯はほかにもあった。たとえば岡山平野も以前は海が内陸に入り込んだ複雑な地形をしていたが、その後干拓が進んで西日本有数の穀倉地帯が出来上がっていった。瀬戸内に面していて気候もよく、夏は水田、冬から春にかけては裏作の麦が栽培される二毛作地帯になった。

もう少し詳しくみてゆくことにする。まず例として、いまの水郷地帯をみてみよう。千葉県と茨城県にまたがる水郷地帯は、いまでこそ豊かな水田地帯であるが、前の時代の終わりころまでは大湿地帯であった。そこには、いまの北《きた》浦《うら》、霞《かすみ》ヶ《が》浦《うら》、手賀沼《てがぬま》、印旛沼《いんばぬま》などを含む香取《かとり》内海と呼ばれる広大な内海があった。ここに手を加えたのが徳川家康《とくがわいえやす》である。家康は、瀬替えと呼ばれる利根川《とねがわ》の付け替えの事業に合わせて積極的な新田開発を進めた。開発は家康以後も続き、その死後の一六四〇年までには一六もの村ができていた。ここに、日本の水田というしかけの性格をみることができる。水田というと、多くの人は「自然」を感じるようだ。しかし水田は、純然たる自然なのではなく、人の社会が米の増産、安定生産を目ざして必死で作り上げた半ば人工の装置、それも経済的装置である。

一六か村（十六島）は、村といっても中洲《なかす》のような地形に成立した急場づくりの村で、ひとたび洪水が起これば壊滅的打撃を受けた。村人たちはその洲の周囲にアシ、ススキ、マコモ、カヤなどを積極的に植えて土砂を沈殿させ、少しずつ土地を広げていった(1)。水の勢いを落としてよどみを作り土砂の堆積を狙ったのである。陸化した土地は地下水位が高く、そのままでは耕作にも適さない。排水路を切ったり、水門をおいたりしなければならなかった。水郷に開かれた水田はまさに知恵の塊だったのだ。このように水郷地帯は、江戸時代までは稲作のできる土地ではなかった。豊かな水田はもとからそこにあったのではない。そこに入植させられた人びとが、いわば命がけで切り開いてきたものなのだ。

水郷の人びとの苦悩は、昭和三〇年代まで続く。水郷は、いまでこそ豊かな大地ではあるものの、そこは歴史的には「多すぎる水」にあえぎ続けた土地である。あえぎながらもそこに住んだ人びとは、あるときは土地に改良を加えたり水路を開いたりし（これを工学的適応と呼ぶ）、またあるときは水に適応する品種を改良し（これを農学的適応とか生態学的適応などという）、なんとかその地でやってゆこうとしたのである。

日本にもあった「浮稲」

水郷がこうした「多すぎる水」の土地であったことを受け、そこに栽培される品種には特殊なものもあった。なかには、深い水のなかで茎を伸ばす力を持つ浮稲にも似た品種があったといわれる。

4—2　浮稲のニーイング（タイ・プラチンブリ県）

浮稲とは東南アジアなどの巨大河川の下流部の洪水地帯にみられる特殊なイネで、水の深さに応じて茎を伸ばす能力を持つ。タイのバンコク平原では乾季の終わりころ（三月末から四月ころ）、からからに乾いた大地に浮稲の種子が播かれる。最初のうちは雨が降ったり降らなかったりの不安定な環境が続くが、やがて本格的な雨季がやってくると増水した川から水があふれ出し、あたり一帯が水浸しになる。水は増えたり、引いたりを繰り返しながら徐々に水かさを増し一一月上旬ころには最大になる。人びとはこうした年単位の水かさの変化を毎年経験していて、増水期の水を洪水と呼んでいる。日本の洪水とはずいぶんと事情が違う。水かさの変化はじつに緩慢である。平均すれば日に何センチといったところだろうか。浮稲はこの水位の上昇に合わせて草丈を伸ばしてゆく。伸ばすのは、葉ではなく茎である。そして茎の伸長は浮稲遺伝子の働きによる。浮稲遺伝子を持たないイネは、水位が上がっても茎を伸ばすことができず、水没して死んでしまう。イネは水生植物なので水に強そうにみえるが、案外そうでもない。浮稲をみていると、草丈を伸ばして葉先を水面上に出す姿は、水から逃げているようにもみえる。

茎を伸ばし続けた結果、浮稲の茎は、秋になってみると数メートルもの長さに達している。水が引けば、立っていることはできない。水の引く方向に向かってその長い茎は倒れてゆく。そして最後には地面に横たわってしまう。そして穂が出るとき、穂の直下の部分だけが天に向かって立ち上がるのである。この性質はニーイングと呼ばれる。ニーとは英語の「ひざまずく」という語である。垂れた穂をもたげ、下半身は地面に横たえた浮稲の姿が、まるでひざまずいて祈りを捧げる人の姿にみえるからである。

むろん水郷に生まれた浮稲に似た品種は、熱帯アジアの浮稲品種のそれほど顕著に茎を伸ばすわけではない。それなので、国際稲研究所などではこれらを「深水稲」などと呼んで浮稲と区別している。両者が持つ遺伝子は異なるとみてよいであろう。

それにしても、浮稲性を持つ品種が水郷地帯にあったということは、この地の洪水がいかに常襲的であったか、そして人がいかに長くこの環境に直面してきたかを物語るものといってよい。浮稲の起源はよくはわからないが、自然界に起きた突然変異か自然交配によるものであることは確かだろう。とはいえ、自然に起きた変異をひろい上げて改良したのは人間である。「農学的適応」といわれるゆえんである。

大阪平野もまた、かつて海であった

もうひとつの例を、大阪平野の池島・福万寺遺跡に求めよう。大阪平野（当時の名称では大坂）は、東を生駒山《いこまやま》、西を大阪湾に隔てられた平野で、面積はそれほど広くはない。またここ半世紀の急激な都市化によって水田はほとんど失われてしまった。そこでまずは「歴史の目」で時間をさかのぼってみよう。

大阪平野の中央には二〇〇〇年ほど前まで浅い湾があった。湾は、大阪城がその北端にある南北に細長い上町《うえまち》台地によって大阪湾と隔てられていた。湾には、いくつかの河川が流れ込んでいた。北東方からは淀川《よどがわ》が京都盆地から、南からは大和川《やまとがわ》が流れ込んでいた。つまりこの湾は、近畿地方の内陸に降る雨水をすべて受け入れていたのである。そしてその事情はいまも変わらない。

大和川は弥生時代ころからのあばれ川で、しょっちゅう洪水をひきおこしていた。そして洪水のたびに多量の土砂が上流から流れ込み、湾は次第に陸化していった。そのことは、遺跡の発掘現場に行ってみるとよくわかる。次ページの写真は、湾の中央部にあたる池島・福万寺遺

4―3　池島・福万寺遺跡

跡（東《ひがしおおさか》大阪市と八尾《やお》市にまたがる）の発掘現場で、下の写真は土地を垂直に切り取った地層の断面である。黒っぽい地層と白っぽい地層とが交互に重なっている。黒い層は水田土壌で、年数ミリメートルほどの速さで土が溜まってできた地層である。白くみえる層は砂の層で、洪水が運んできた砂が一気に堆積してできている。だから、同じ厚さの地層でも、白い地層は黒い地層の何百倍もの速さで堆積した。

洪水が起きるたび、周囲の村は自力で、あるいは領主や幕府の力を頼んで復興に努めたが、洪水の原因は自然現象に限らなかった。なぜなら、大名が堤を切って敵領地に被害をもたらしたというような人災も少なくなかったからである。それに堤防の決壊は、人間社会が無計画に堤防を築いて川が天井川化したからだという解釈もできる。一七世紀初頭には大坂の陣といわれる大戦争が二度にわたって起きたが、両軍合わせて何十万という兵が土地を蹂躙《じゅうりん》し、また出城を築き、そしてそのために森を無計画に伐採するなど大規模な自然破壊が行われた。また夏の陣の前、半年にわたり大坂城内に立てこもった人員は一〇万ともいわれるが、これらの食を支えた薪炭の調達が森林破壊に拍車をかけたことは容易に想像がつく。そしてそのことがたとえば生駒山の西山麓の地盤を脆弱《ぜいじゃく》にしたことは十分に考えられるし、また奈良盆地に水源を持つ大和川を氾濫させる引き金を引いた可能性もある。

池島・福万寺遺跡での調査からは一回または相次ぐ何回かの洪水で運ばれた砂の厚さが一メートルに達するところもあった。洪水被害の恐ろしさは、ひとつには濁流が鉄砲水となってあらゆるものを破壊し押し流してしまうことだが、稲作についていえば、深水が長い時間滞留してイネを枯らすことや大量の土砂が田を埋めつくしてしまうこともそうである。これだけの砂を、人びとはどのように取り除いたのだろうか。いまのような重機があるわけでもない。砂はあたり一面に堆積しただろうから、取り除いた土砂の始末にも困ったことだろう。それらの土地は次の夏をまたないうちに草ぼうぼうになり、やがてはススキのような多年草が入り込み、手のつけようもない荒れ地になっていたのではないかと考えられる。それでも人びとはそこに住み続けるしかなかった。次に述べる「しのぎ」ともいうべき技を開発しては生きながらえたのだ。

この地域では「塞翁が馬」を思わせるできごとも起きている。たび重なる洪水に苦しめられてきた人びとが「島畠《しまばた》」といわれる一種の農法を編み出したのである。まず、堆積した砂を、幅数メートルにわたって取り除く。その砂はすぐ隣の砂の上に積んでゆく。砂が取り除かれたところは、翌シーズンからふたたび田として使う。これを掻《か》き揚《あ》げ田と呼んだ。砂を重ねたその部分は畠として使う。砂質土であるうえに高く積むわけだからこの部分（これが島畠である）は乾きやすくなる。ここに植えられた乾燥に強い作物のひとつが棉花《めんか》であった。洪水のたび、島畠は増加したことだろう。やがて河内地方は棉花の産地として知られるようになるが、その一助となったのがこの島畠であったのだ。

しかしそれでも洪水被害が深刻だったことに変わりはない。大阪平野の農民たちは江戸幕府に対する陳情を重ね、ついに一七〇三年になって大和川の流れを大きく変える大土木工事が始まる。工事は翌〇四年には完成し、それまで大阪平野を北西に流れていた川は、真西に流れて堺市付近で大阪湾に達することになった。大和川流域の洪水は激減し、そこは大坂郊外の穀倉地帯になる、はずであった。たしかにある意味でそこは穀倉地帯になったが、いっぽうやや高い土地では一八世紀以降に井戸が掘られるようになる。皮肉にも平野の少し高い部分は今度は干ばつに見舞われるようになったのである。

それまで大阪平野の人びとを困らせてきた大量の土砂は、今度は大阪湾に流れ込むようになった。その土砂は、河口のすぐ南側にあった堺港を浅くしてしまい、その衰退の引き金を引く。国際都市であった堺の人びとにとってはとんだとばっちりということになる。

良寛さまと新潟平野

新潟平野といういまでは「コシヒカリ」など、うまい米の大産地であることで広く知られる。しかし新潟平野を流れる信濃川《しなのがわ》は手のつけようのないあばれ川で、洪水はしょっちゅうだった。なにしろ長さは日本最長、しかも上流には北アルプスや浅間山《あさまやま》はじめ日本の屋根たる山々に降った水を集める大河川である。水量も半端ではない。そして新潟平野に入る長岡《ながおか》市付近からは傾斜もゆるやかとなり、流路は複雑に蛇行していた。そしていったん洪水が起きるとあたり一面は泥沼と化し、水はなかなか引かなかったという。

4―4　大河津分水路と良寛が住まいした国上山

　この新潟平野が米の大産地になるひとつの画期が、難工事の末に一九二二年に完成した大河津分水《おおこうづぶんすい》の開設であった。これによって洪水の被害はずいぶん軽減されたという。分水を開くときに出た土砂を平野の低い土地に客土したことで、湿田はずいぶんと減り、米の品質の向上に貢献した。低湿田では、田の水はいつまでも引かない。収穫直前の田に余計な水があるとイネは倒れて品質を落としてしまう。収穫作業の効率はぐんと落ちる。土に含まれる窒素分も過剰となり、米の味を悪くする。イネは水生植物ではあるが、いまの日本では水が多すぎることはひどく嫌われる。

大河津分水が完成するまでの新潟平野の洪水被害は悲惨であった。洪水の回数は、一八世紀には少なくとも三二回、一九世紀には三九回に及ぶ(2)。なんと、三年に一回は洪水の被害を受けていた勘定である。洪水のたびに経営破綻する農家が相次いだ。そうなると決まって犠牲になるのが子どもたち、それも女児たちであった。この時代の終わりころには、経営破綻した家の女児らは山を越えて上州《じょうしゅう》へと売られていった。そこは生糸の大産地である。生糸は絹織物の素材であり、高値で取引されてきた。米がとれないこの地域では、生糸の生産が地域の経済を支えていた。世界遺産に登録された富岡《とみおか》製糸場もその名残りであることはもちろんだ。そして、生糸生産には膨大な労力を必要とした。農民出身の少女たちが製糸場で職を得たわけではなかっただろうが、山向こうの越後《えちご》から供給された労働力を吸収したのが上州の社会であったと水《み》上勉《かみつとむ》は考えている。

この時代、この地に生きた僧良寛《りょうかん》は子らと遊ぶのを好んだといわれる。このことに対する否定的な解説も過去にはあったようだが、やがて売られゆく女児らを憐《あわ》れんで、せめて遊んでいられる間は遊ばしてやりたいとの思いから子らとの時間を大切にしたという趣旨のことを水上さんは書いている。洪水の害は、それほどにひどかったのである。

ここにあげた水郷（利根川）、河内平野（大和川）、越後平野（信濃川）にとどまらず、似たような物語は日本各地の沖積平野に残されている。静岡平野を流れる安倍川《あべかわ》、筑後《ちくご》平野を流れる筑後川、そして濃尾《のうび》平野の西を流れる木曽三川《きそさんせん》（木曽川、長良川《ながらがわ》、揖斐川《いびがわ》）。つまり日本のおもだった沖積平野には、稲作を始めるにあたり、またそれを広げ維持するのに、人びとの並々ならぬ努力があったのである。そしてその努力がなければ日本の稲作文化も、そしてまたいまの日本もなかったのだ。気候といういわば所与の条件が、この国を稲作国家にしたのではなかったのである。

少なすぎる水

水分配の知恵

それでは、水が足りない土地は稲作に適していたのか。むろんそのようなことはない。中部地方と近畿地方を分ける地理上の境目になっている鈴鹿《すずか》山脈。高い山はないが、御在所岳《ございしょだけ》、藤原岳《ふじわらだけ》などの名山を擁し、また山の東斜面は険しく切り立っている。この鈴鹿山脈とその東にある養老《ようろう》山地の間に、員弁川《いなべがわ》が作る細長い谷がある。

員弁川が作る谷筋に立地しているのが三重県いなべ市。養老山地の東側では多すぎる水にあえいできたのに、その西側では、人びとは水不足、つまり「少なすぎる水」に長い間苦しめられてきた。この時代のはじめごろまで、この地は水が不足していて米を十分作ることができなかった。農民たちは桑名《くわな》の藩主にあてて、米に代わって柿を年貢に出すことを願いだし、それが許されたほどだった。

あまりの水不足に、いくつかの村が共同で溜池を作って灌漑用水を確保しようとした。いまに残る笠田大溜《かさだおおため》もそれである。この溜池は一六三六年に桑名藩主によって改造され溜池として整備されたが、しかし今度はその水の配分をめぐって村の間でもめ事となり、死者が出るほどの騒ぎも起きた。水が手に入ると、人びとは田を拡大しようとする。みながそうするから、使われる水は計算上のそれを上回り、結果として水不足は解消されないというわけだ。

村間での騒動が起きると当事者は極刑にされてもおかしくはない。二度と水争いは起こすまいという人びとの決心で、村ごとの水の配分を時間によって決めるための日時計――「刻限日影石」が設置された。この刻限日影石は現在もいなべ市笠田新田《かさだしんでん》に残されている。人びとは日時計で、時刻をくぎって水を分配する装置を作ったのである。

似たようなしかけは他の地域にもある。たとえば讃岐《さぬき》地方では線香を使った装置も考案された。香川県の讃岐平野では、線香水と呼ばれる方法で刻限を切り、田の間での水のやりとりを制御していた。ある田に水を流しはじめると同時に水の配分係が拍子木を打つ。拍子木の合図に合わせて時の番人が線香に火をつける。そしてそれが燃えつきると拍子木を打って水の配分係に知らせる。時間を計るのが線香である。すると配分係は次の田に水を入れるというやり方である。讃岐平野といえば日本でも有数の少雨地帯で、また大きな河川もない。そこは昔から、干ばつの常発地帯であった。平野には、日本最大級の灌漑池である満濃池《まんのういけ》が、一〇〇〇年以上も前から平野を潤してきた。社会は、そこまでして公平平等に水を配分することに腐心したのである。

4—5　片樋のまんぼ（三重県いなべ市大安町）

水をひっぱる

いなべ市一帯には水を確保するための工夫を、ほかにもみることができる。「まんぼ」と呼ばれる地下に作られた灌漑水路もそれである。少し詳しく説明しておこう。まんぼとは変わった名称だが、漢字では「間風」などとなる。まんぼのなかでも最大のものが同市大安町《だいあんちょう》片《かた》樋《ひ》にある「片樋のまんぼ」で、記念碑などから市民の間でも存在が広く知られている。建設開始は第一期工事が一七七〇年、第二期工事が一八六一年とされる。大人が腰をかがめて歩けるかどうかの地下トンネルの全長は一キロメートルを超える。いっぽう取水口と末端の高度差はわずか数メートル。このような水路を地下に掘る測量技術はどのようにして生まれたのだろう。まんぼは、知られているだけでいなべ市域に一〇〇近くがあるというから、片樋のまんぼは決して特殊なものではない。

謎のひとつは、まんぼがいったいなぜ地下を通されたかである。灌漑水路ならば地上を通してもよかったはずである。これにはいくつかの解釈がある。ひとつは、中央アジアの乾燥地帯に作られたカレーズ（あるいはカナート）と同様、地下を通すことで水の蒸発を防いだのだという考え。一理ありそうだが、多湿の日本でそれはどれほど意味があっただろう。もうひとつは建設技術上の理由があげられる。一八世紀には、測量法のひとつとして夜間、腰に提灯《ちょうちん》をぶら下げた大勢の人を並ばせる方法がとられたという。地下トンネルを掘れば昼間でも作業ができる。あるいは、水利権の問題で、途中の地域の農家にはその水を使わせないための方策だった可能性、あるいは地下水を集水した可能性もある。どれが正解かはいまとなっては知る由もない。

用水と溜池

水を引くには、水源が必要である。そして水源確保にも人びとの知恵が生かされている。静岡県の東部にある裾野《すその》市。その北のほうに深良《ふから》新田という土地がある。御殿場《ごてんば》市から裾野市を通り三島市、長泉町《ながいずみちょう》にいたる静岡県東部一帯は、東に箱根山《はこねやま》外輪山、西に富士山《ふじさん》、愛鷹山《あしたかやま》という火山に挟まれたU字谷に立地する。深良新田はそのU字谷の谷底近くにあるが、土地は火山灰や礫《れき》を多く含み、水持ちが悪くて水田にはなりにくかった。一帯は畑作地帯だったのである。

ここに水を通して水田化しようという計画がもち上がったのは一六六〇年代のことである。計画を立案したのが誰で、その意図が何であったか、研究者により意見は分かれるようでここではこれ以上踏み込まない。水は、箱根外輪山の内側――深良側からみれば外側であるが――の芦《あし》ノ湖《こ》からトンネルを穿《うが》って引くことになった。工事は四年を要したが、ほとんど設計図通りに完成したという。

水不足の土地によくみられるのが溜池である。日本列島には溜池が集中する地域がある。なかでも兵庫県には四万を超える溜池がある。その数は四七都道府県のなかでも群を抜いて多い。次いで広島、香川、山口と、どれも瀬戸内地方の府県が続く。この四府県にある溜池は全国のそれの四一パーセントにもなる。やはり夏の乾燥が関係しているのだろう。

現存する溜池の最古のものは大阪府にある狭山池といわれ、建造は四世紀にまでさかのぼるともいわれる。第2章に書いた古墳造営や灌漑設備が盛んになった時期である。ただし溜池がもっとも盛んに建造されたのは本章の時代のことである。水田の拡大と技術の進歩が、溜池の増加をもたらしたのであろう。

いっぽう溜池はじめ灌漑設備の充実は、先にも触れたとおり、水への欲求を増幅させた。各地で、水が供給されたのに水不足が進むという皮肉な現象が起きている。灌漑水を横取りする「水泥棒」が横行し、争いが増加したとの指摘もある。こうしたインフラ整備が欲望をふくらませる現象は、人間社会ではかなり普遍的に起きるようだ。高度成長時代、車が増えて道路が混むようになると国や地方自治体は盛んに道路を建設した。しかしそうすると車はさらに増えて混雑はいっそう激しくなった。

溜池を中心とする灌漑システムは、「溜池文化」ともいうべき文化を生んだ。「ミツカン水の文化センター」の『水の文化』の創刊号に、讃岐平野における溜池を中心とする水あしらいの文化に関する富山和子《とみやまかずこ》と長町博《ながまちひろし》の対談が載っている(3)。ここに「ため池文化」という語が登場する。溜池文化の概念は、溜池という装置が単に灌漑施設であるにとどまらず、それを使い支える「村機能」のような社会のシステムや周辺の環境保全への貢献などを含んでいるという。

「米と魚」を支えた溜池文化

溜池のこうした多面的な機能は他の地域にもある。たとえば大阪府河内平野の南部では、溜池は農業用水として使われていたが、その「水質および生態系は伝統的な溜池浄化システム(〝ドビ流し〟：地元の呼び名)によって維持されてきた。〝ドビ流し〟とは、池の底樋を抜き溜まった汚泥を流し田畑に取り込むことで、池の清掃と田畑の土壌改良を同時に行うことである。さらに、雑魚や貝などを秋の食材として利用し池の生態系が維持されてきた」という(4)。つまり、多様な生物が排泄した汚物などを含めた有機物が田に供給されていた。溜池を含む灌漑システムは田の地力維持にも有効であった。

すでに書いたように、溜池システムは淡水魚の食文化をはぐくんだ。「米と魚」のパッケージ（七五ページ）のもととなった装置である。淡水魚はむろん自然河川や自然湖沼からも供給されたが、溜池が多い地方はもともと自然河川に乏しい。こうした地方の「米と魚」を支えたのはやはり溜池のシステムであり溜池文化であった。先述の長町さんも、秋の稲刈り後の池干しによる淡水魚の収獲を溜池文化のひとつの要素としている。溜池に生息する淡水魚を食用にする、あるいはもっと積極的に溜池で淡水魚を養殖することも各地で行われてきた。

4—6　広沢池（京都市右京区）

京都では右京《うきょう》区の嵯峨野《さがの》にある広沢池《ひろさわのいけ》で、いまも淡水魚の販売が行われている。地元ではこれを「鯉《こい》揚げ」と呼んでいる。春に稚魚を放流し、一二月に池の水を抜き成長した魚を収獲するのである。池の水を抜くのは池のメンテナンスのため、そして収獲された魚は川魚の専門店などに売られてゆくほか、地元の料理屋などにも卸されている。鯉揚げの歴史はよくわからないが、池の歴史は一〇〇〇年に及ぶといわれる。鯉揚げという名称や養殖のシステムはともかく、池の魚を獲り食用にしていた歴史も池ほどに古くてもおかしくはない。

稲作の抵抗勢力

田を食いつくす害虫

稲作と米食の文化は、歴代、さまざまな抵抗勢力からの妨害があった。「国家経営の時代」の狩猟採集文化がそのひとつであったし、本章の時代にもなお、その影響は各地に残されていた。とくに稲作に対しては人の要素以外にも、前節までに述べた水の多寡が稲作の進展の足をひっぱったし、さまざまな自然災害が稲作の障害になったことはよく知られている。農業生産、とくに水田稲作のような、大掛かりな資本投下を必要とした農耕は、いったん被害を受けると社会的な損失は大きかった。

ほかにもさまざまな要因が稲作の邪魔をした。そのなかには、害虫や病原菌による被害もあった。洪水と違って、害虫や病原菌の被害は記録に残されていない限り、その実態がわからない。しかし、残された記録をみる限り、病害虫による被害は悲惨を極めたようである。このうち、害虫の害、とくに「ウンカ」の害は西日本で深刻だった。ウンカの害は、夏が順調に過ぎ、いよいよこれから収穫という時期に突然やってくることが多かった。ある日突然、田のイネが数平方メートルにわたり丸く枯れてしまう。これを「坪枯れ」という。田の一角がまるで病魔にむしばまれたかのようにもみえる。そしてそうこうするうち、その病魔はあちこちに飛び火し、あれよあれよという間に田の全体に広がってゆく。そしてひどいときにはその地域のイネをすべて枯らしてしまうこともあった。

原因はトビイロウンカという体長わずか四、五ミリの昆虫である。これが大陸から海を越えて大挙して飛んでくる。「飛ぶ」というよりは、仮死状態になったウンカの大群が風に運ばれてくるといったほうがよい。九州で甚大な被害をもたらすと、そこで繁殖した第二世代のウンカが中国、近畿、東海へと広がってゆく。

4—7　坪枯れ

ウンカの害が記録に登場するのはかなり後の時代になってからである。原因は虫であるから、人びとの目にも留まった。人びとは苦心の挙げ句、その駆除の方法を編み出した。田んぼの水面にクジラからとった鯨油を浮かせておき、棒のようなものでイネをたたいてやる。葉や茎についた虫はこの油のなかに落ちて死んでしまう。

ただし害虫といえども、日本の農民には殺生に対する躊躇があった。西日本では「虫送り」と呼ばれる行事がいまに伝わるが、それは虫たちに逃げよという思いが込められていた。死んでほしいという願望ではなかったのである。

ウンカの大発生がなぜ起きるか、いまでも詳しいことはわかっていない。むろん天候は関係しているだろうが、はっきりした因果関係はなかなか特定しづらい。そして、過去に起きたウンカの害はその痕跡をいまにとどめない。記録による以外、いつどこでウンカの害が起きたかを知るすべは、少なくとも現段階ではない。

いもち病

もうひとつ全国的に問題になってきたのが「いもち病」という病気である。いもち病菌という細菌によって引き起こされる病気で、葉や穂に菌による病巣ができる。葉に病巣が広がると光合成ができなくなって生産性に影響を及ぼすほか、穂にできると穂が根元から折れてしまって収穫はゼロになってしまう。いもち病は冷害に伴って流行することが多く、冷害の年の被害は甚大であった。いもち病の病原体は目にみえない。当時の人びとには恐ろしく、また理不尽なものと思えただろう。現代ならばいもち病菌を殺す薬剤によってその害を大幅に軽減することができる。だが、農薬には限界がある。理由はひとつには環境に対する負荷が無視できない事実、そしてもうひとつが、農薬を開発してもそれに耐性のある新たなタイプの菌が次々出現する事実である。多額の経費とエネルギーをつぎ込んで殺菌剤を開発しても、何年もしないうちに新たなタイプが出現して薬剤が効かなくなってしまうことがしばしばあった。製薬会社はそのたびに新たな薬剤の開発を余儀なくされてきた。新たなタイプの出現、それに対する新薬開発のいたちごっこが繰り返されてきたのである。

もうひとつの対策が、イネの品種が持ついもち病菌に対する抵抗性を利用することである。いもち病の場合、品種によって強い、弱いがある。植物には動物のような免疫システムはないので、強い、弱いは獲得形質ではない。あくまで先天的なものである。近代以降、品種改良の場では、いもち病に強い品種から、その強さにかかわる遺伝子を弱い品種に導入することが盛んに行われてきた。

いもち病の菌にはいくつかの種類がある。病徴に大きな違いはないが、ある品種は、菌種Xには強いのに菌種Yには弱い、などということが起きる。これまでに一五以上の菌種がみつかっている。だから、品種のほうにも、それに応じた数の品種があることになる。

ただ、農薬の開発も品種改良も、どちらも近代以降の科学技術の発達により生み出された対処法である。本章の時代の人びとには、いもち病を防ぐ手立てはなかった。なにしろ敵は、ウンカと違って目にみえない微生物なのだ。これらの対処法が開発される以前、人びとはどうしていたのだろうか。現代では、ひとつの地域、村にはごく少数の品種だけが植えられている。村にある品種のすべてに感染力のある菌種が流行すれば、村のイネは大きなダメージを受ける。もしたくさんの品種が栽培されていれば、どんな菌種にさらされても、感染する品種としない品種とが存在することになる。こうなると、多くの菌種にとって爆発的流行を起こすには都合が悪い。多品種が混在する環境が、いもち病の大流行を抑制していたのであろう。

「米作りは国作り」の思想

文化度が高かった社会

この時代の日本社会はずいぶん文化度の高い社会だったようだ。といっても現代のように義務教育があるわけでもなく、識字率一〇〇パーセントとはさすがにゆかないが、それでもこの時代の末期には識字率は欧州各国よりもずっと高かったようだ。レシピを書き記した「料理本」などが多数出版されたのがこの時代の食文化のひとつの特徴であるが、本は、社会の構成員が文字を読めるからこそ売れる。こうしたことからも、文字を介して知が蓄積され、交換されていたことがわかる。

また、この時代の日本の技術には特筆すべきものがある。それもさまざまな分野において、である。土木の分野でも、近代までは「見試し」といって職人が長年の経験と勘を頼りに、工事の規模やその施設でまかなえる耕地面積などを見積もっていた。たしかにこの時代の職人の技には目を見張るものがあるが、それだけではなかったように思われる。あとで詳しく触れる富山さんも、精密な測量や見積もりの背景には数学の素養が社会に広く普及していたといっている(5)。日本には関孝和《せきたかかず》らによる和算の伝統があった。そして和算などの学術は、測量など実社会の要請によって支えられてきた。

まんぼのような地下水路の建造には鉱山での技術が使われた。先に触れた三重県いなべ市一帯のまんぼの建造には、鈴鹿山脈にあった治田《はった》鉱山の技術が生かされたともいわれている。ほかにも日本では築城の際の石垣、あるいは水路の石組の技術があった。水田の文化は泥の文化であると思われがちだが――そしてそれは間違いではないのだが――棚田や石の灌漑水路をみていると、じつは泥の文化と石の文化の雑種文化なのではないかと思えてくる。

日本における石の文化は、稲作が国家事業になった時代（第2章）にまでさかのぼることができよう。奈良県明日香村《あすかむら》の石舞台《いしぶたい》古墳（七世紀初頭ころ）や高松塚《たかまつづか》古墳の石室、本書でも登場した仁徳天皇陵などに使われた葺石などがそれである。これら石の文化とシルクロードの「ソグド人」の文化の関係を洗ってきたのが菅谷文則《すがやふみのり》である。(6) また、松本清張《まつもとせいちょう》は『火の路《みち》』という小説(7)で飛鳥の文化とゾロアスター教とのかかわりをモチーフにしているが、彼らしく相当の下調べの結果であるかに思われる。その著作である『ペルセポリスから飛鳥へ(8)』をみると、古代ペルシアの文化と飛鳥文化のソグドの人びとを介したかかわりについて、さらに深く調べてみる必要性を感じずにはおられなくなる。なお、古代のペルシアは灌漑農業の発祥地ともいわれている。

さらに、日本における石の文化は東（北）日本では縄文時代にまでさかのぼるとみることもできよう。青森県青森市の小牧野《こまきの》遺跡や秋田県鹿角《かづの》市の大湯《おおゆ》遺跡では河原の丸石を円形に並べた施設がみつかり、欧州などの環状列石と類似の施設ではないかと話題にもなった。むろんこれらを石組文化の祖先であると断ずることはできないが、石を使う文化はたしかに縄文時代以来のものである。

稲作が作った水運

富山和子『日本の米』は異色の本である。そこから学ぶべきことはたくさんあるが、なかでも日本の水運の根幹を作ったのが米であったという指摘はきわめて深く、また重要である。わたしなりの解釈を加えてその筋を追ってみよう。

まず、内水面の水運について。富山さんは次のように書く。「行けども行けども平らかなこの大地（関東平野のこと）こそ、紛れもなく米が作ってきた大地であり、三〇〇年の間日夜たゆみなく水路の見回り、水路の手入れ、水のかけ引き、田作り、土作りにいたる何十何百と知れぬ米作りの労働がつづけられ、重ねられてきたたまものであることを。そしてまた思う。ほんの少し以前まで、この平野には水路網が整然と張りめぐらされ、おびただしい数の船が江戸と農村とを、江戸と利根川とを往き来しており、関東平野は水の平野であったことを(9)」。

この水上交通路を利用して、近郊で生産された米や野菜などが江戸に運ばれた。いっぽう江戸からは人間の排泄物が同じ交通路で地方に運ばれた。つまり江戸とその周辺には多量の人口を介した循環のシステムが出来上がっていた。それ専用の船もあったというから、この循環はシステムとして機能していたのである。事情は大坂も京都も同じだった。大阪平野で何か起きたかは一五三ページに書いたとおりだが、大和川の改修後、残された旧河道は水路兼交通路として残された。

この旧河道を使って大都市大坂の排泄物は郊外に運ばれ、農業生産を支えていた。特筆されるのは大坂の郊外は棉花の大産地となっていたことである（一五六ページ）。また、大坂の台所をにぎわせた野菜などは、その後「大阪野菜」として人気を博することになる。

人糞とともに農業を支えたのが北海道などで盛んに生産された鰊粕《にしんかす》であった。鰊粕は、当時豊漁に沸いたニシンの不可食部分を搾って油をとったあとに残る搾りかすで、おもに西日本で肥料として重宝された。それは徳島県など四国で盛んに栽培されたタデ（藍蓼《あいたで》）の肥料にも多く使われていた。あるいはひょっとすると香川と徳島でいっとき盛んに栽培されていたサトウキビの肥料に使われたのかもしれない。このサトウキビは国産の砂糖である和三盆《わさんぼん》に使われ、江戸や大坂のとくに裕福な人びとの甘味を支えていた。

海、里、山の連関——そのはじまり

水田の役割のひとつが水の涵養《かんよう》である。そして水の涵養は森の涵養でもある。そして森の涵養は沿岸漁業の涵養でもある。いわゆる「海、里、山（森）」の連関である。この連関の意味するものは、前章の時代から知られていたらしい(10)。本章の時代にあっても、たとえば神奈川県足柄下郡《あしがらしもぐん》真鶴町《まなづるまち》の真鶴半島先端にある魚《うお》つき林《りん》（魚つき保安林）などに代表的な例をみることができる。その最初は小田原藩に幕府から割り当てられた松の苗木一五万本を移植したことに始まるという。

魚つき林が法的に整備されたのは次の時代、森林法が制定された一八九七年のことである。むろんそれは漁業資源の涵養を目的としつつも水源涵養、土砂流失の防止、防風などの目的も兼ねていた。つまり森林の保護によって、山ばかりではなく、里域や沿岸域の環境を守ることが意図されている。森には、人の影響を受けにくいいわゆる奥山から、里地に近く繰り返し攪乱を受ける里山の部分までの生物相がある。森を守るということは、奥山だけでなく周縁部にある里山の部分を守ることでもある。その里山部分は肥料にする刈敷《かりしき》を含むあらゆる生活資材を得る場でもあった。森を荒らすということは、それらの資材を失うことでもある。

4—8 魚つき林（神奈川県真鶴町）

この時代はまた、農業にかかわる食物連鎖が発達した時代でもあった。大都市に住む人間が出す多量の排泄物は最終的には海に流れ込み、そのミネラルはとくに沿岸部でプランクトンを育てる。それが沿岸魚を育てる資源となる。沿岸魚を育てたのは、野菜を育てたのと同様、都市であった。江戸前の魚も、こうして育てられたものであったといえよう。現代では、人間の排泄物が直接海に流れ込むことはない。その意味で沿海はずいぶんと浄化された。それはそれでよかったが、このことと森の劣化によって海の貧栄養化が進み、漁獲は細った。最近瀬戸内海の漁獲が細ったといわれるが、その理由のひとつがここにあるともいわれる。

このようにみてゆくと、稲作を含む農業生産は一面では自然の営みではありつつも、他方人間の関与が色濃く反映された「人と自然の相互作用」であることが改めてわかる。そしてこのことは、この時代にはすでに社会にきちんと認識されていた。むしろ現代になって理解が薄まっているようにも思われるのは残念である。

このようにして日本列島の中央部は、次第に水田稲作地帯としての姿を整えていった。国土が「豊葦原瑞穂の国」になったのは、このときからである。日本の稲作や米食の文化は、こうした基盤のうえに成り立った、人が作ったものである。ただし、稲作が何の障害もなく全国津々浦々に広がったわけではない。とくに北海道と東北地方はなかなか稲作社会化しなかった。東北地方では、水田は稲作に向かない土地にも開かれ、その結果として冷害の被害を大きくした。稲作が浸透するまで、そこにはヒエなど他の雑穀の栽培や山での採集などを含む複合的食料生産システムがあったのだろう。強引ともいえる稲作社会化は、こうした複合的食料生産システムを疲弊させた。冷害が起こり人びとがこのシステムに頼ろうとしても、システム自身がすでに崩壊していた。このことが、冷害の被害を大きくし、社会を混乱に陥れる飢饉が発生した。

この時代には大飢饉が繰り返し起きたことが知られる。なかでも一七八〇年代におきた天明《てんめい》飢饉では九〇万ともいわれる死者が出たうえ、東日本の社会は大混乱に陥った。その影響は冷害の後も数年にわたって続いた。強引な稲作社会化は、しばしば人びとを苦しめたのである。

なお、稲作社会化はトップダウンの政策だけで進んだわけではなかった。地方の農村には、米を作れることが地域でのステイタスであったところも多くあった。そのことは、雑穀の一つであるアワの品種に「むこだまし」と呼ばれるものがあることに如実に表れている。イネのモチ品種の胚乳は白い色をしているがアワのそれは黄色い色をしている。ところが、モチ性のアワ品種に「むこだまし」と呼ばれる品種があってその胚乳は白色をしている。それで、あたかも米の餅であるかに欺いて「むこだまし」を栽培し婿取りに使われたという話が各地にある。米食への回帰を進めるボトムアップの流れがあったのである。

品種の概念

品種とは何か

品種は、生物学的には種のひとつ下の分類単位で、ある種のなかで、特定の性質を持った個体の集まりをいう。品種の概念は、作物の場合その繁殖の方法によってずいぶん違う。アブラナの仲間（ダイコン、カブなど）などでは、繁殖は「他家受粉」による。つまりほかの株の花粉が雌蕊《めしべ》にかかって次代を生み出す。自分の花粉では受粉できない「自家不和合」という遺伝的なシステムがある。ひとつの母親から生まれる子の性質は、花粉を提供した父親によってさまざまに異なる。また、父親から供給される花粉も一粒ずつが異なる遺伝子型を持っている。

いっぽうイネやコムギのように自家受粉する作物では、ひとつの母株から生まれる子の性質はほぼ同じである。「ほぼ同じ」と書いたのは、理論的にはすべての株が完全に同じ遺伝子型を持つことはないからであるが、実際上は同じとみて差し支えない。「コシヒカリの子はコシヒカリ」とは、こういう状態をいう。

イネでは、品種という概念は稲作が国家事業であった時代（第2章）にはすでにできていたものと思われる。[11] 地方から都（奈良）に送られた米俵につけられていた木の札に「赤米」などの名称が記載されていたというから、間違いはない。

「貨幣の時代」に入ると品種を区別する精度もずいぶん向上した。それまでの時代には注目されることのなかった形質に人びとの関心が向かうようになったのである。この時代に入ると、イネにおける「品種」の概念がはっきりしてくる。

社会がイネとのかかわりを深め、用途が多様化したことで品種の分化もいっそう進んだ。たとえば農作業の分散化のために収穫の時期を変えるようなことも行われた。収穫期の早い「早生《わせ》」の品種から遅い「晩生《おくて》」の品種までをとり揃《そろ》えて栽培するのである。ある土地での品種の多様化は、稲作や米食文化の多様化によってもたらされたものということができる。

さらに、この時代には農業技術の研究が進み、藩ごとに農書が編まれるなどした。会津《あいづ》農書などをみると、藩内の各地で栽培されている品種の比較なども行われていることがわかるが、そうすると品種の概念はいっそう豊かなものとなる。

会津農書（一六八四年）には、里田（原文は郷田）と山田に合う品種が、早生、中生、晩生ごとに記載されている。ウルチとモチの区別もある。つまり農書では、品種による適、不適が認識されている。では、早生と晩生の品種は収穫期にどれくらいの違いがあるのだろうか。『日本農書全集』(12)によると、会津地方では田植えの適期は六月六日で、早生は四二日目の七月一八日に穂が出はじめる（穂の出はじめと開花期とはおおむね一致）。収穫期は田植え後七七日目の八月二二日ころになる。いっぽう晩生は田植えは同じく六月六日だが、穂の出はじめが五六日目の八月一日で、収穫期は一〇五日目の九月一九日になる（いずれも太陽暦換算）。福島県農業総合センターのデータによると、現在の会津（会津坂下《あいづばんげ》）では、五月二〇日が田植え期で、コシヒカリの開花日は八月七日、成熟期が九月二〇日ころである。刈り取り期をこの成熟期と近似的に同じと考えれば、現在のコシヒカリの栽培暦は一七世紀終盤期の晩生品種のそれとほとんど変わらないことになる。

さらに享保年間の『加賀国産物之内五穀類下帳』には、イネ品種名二〇八がある。(13) 西尾市岩瀬《にしおいわせ》文庫古典籍書誌データベースによると、その内訳は上巻：〔五穀部〕／うる稲（わせの類三三種、なかての類六一種、おくての類七〇種）、もち稲（わせの類一二種、なかての類一六種、おくての類一六種）である。この二〇八品種について、『日本農業発達史』[14]では各品種の田植えから収穫までの日数がまとめられている。これによると、早生品種群では一〇〇日ないし一一〇日のものがもっとも多く、いっぽう晩生品種群では一七〇日程度のものがもっとも多い。田植えが五月上旬に行われたとして、早生の収穫期は八月中下旬、晩生のそれは一〇月下旬から一一月に達していたものと考えられる。石川県農林総合センター農業試験場のデータ[15]によれば、現在の金沢平野では「コシヒカリ」の開花日が七月下旬（田植えの盛期は五月四日ころ）、収穫期が八月下旬から九月上旬にかけての時期だから、当時はいまに比べると、イネはずっと長い期間田にあったことがわかる。

この時代はまた、品種の概念とともに「生態型」とも呼ぶべき概念が登場したときでもある。生態型とは、気候、土壌などいわゆる環境に対する適応性の立場から論じられた品種または品種群をいう。品種には盛衰があるが、ある土地、ある環境に適応する品種には共通項がある。この共通項が生態型にあたる。

この時代の農学者佐藤信淵《さとうのぶひろ》は、イネの生態型として「出雲《いずも》種」「笠縫《かさぬい》種」「日向《ひゅうが》種」「古志《こし》種」の四種類があるとしている。[16]これなど日本各地のイネを比較することでできた発想である。むろん信淵自身が生態型という語を用いたわけではないが、各地の品種を「藩」の違いを超えて論じたところに、その面白さがある。

なお、イネの品種、米の品種の歴史については、わたしが編集した『日本のイネ品種考』[17]を参照いただければありがたい。

低くなったイネの背丈——穂数型と穂重型

時代劇などでは、森や田んぼが背景に写りこんでいることがある。最近では以前と違って時代考証も進み、また電柱や自動車が誤って映り込むこともないよう努力が払われているようだが、森や田んぼの考証はあまり進んでいないようにも見受けられる。森の樹種などは仮に考証できたとしても当時の樹種を復元するなどほぼ不可能だが、田んぼのイネくらいならなんとかなりそうな気もする。けれども、映っているイネは見るからにいまのイネ（品種）で、考証の跡はうかがえない。考証者が田んぼのイネには無頓着なのか、それとも考証のしようがないのか、どちらかだろう。

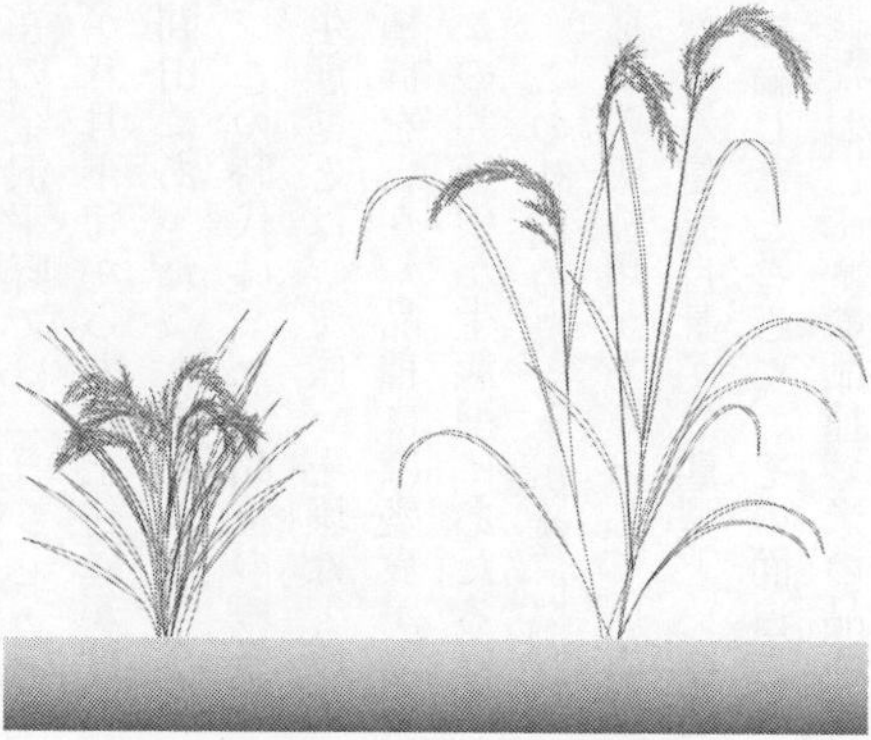
4—9　穂数型（左）と穂重型

背景に映ったイネが「いまのイネ」とわかる理由は何か。いまの品種の特徴のひとつがその低い草丈である。草丈が低い理由は大きく二つある。ひとつは、草丈が高いと稔るにつれてイネが倒れる危険性が大きくなるからである。倒れると収穫量は落ちるし品質も低下する。しかも稲刈りの作業にも大きく影響するからである。

成熟したイネを倒さないようにする一番の方法は肥料分、とくに窒素肥料を減らすことだ。しかし窒素肥料を減らせば収量も格段に落ちる。しかしそれでは本末転倒である。そこで、イネの背丈を遺伝的に低くする改良が加えられることになった。

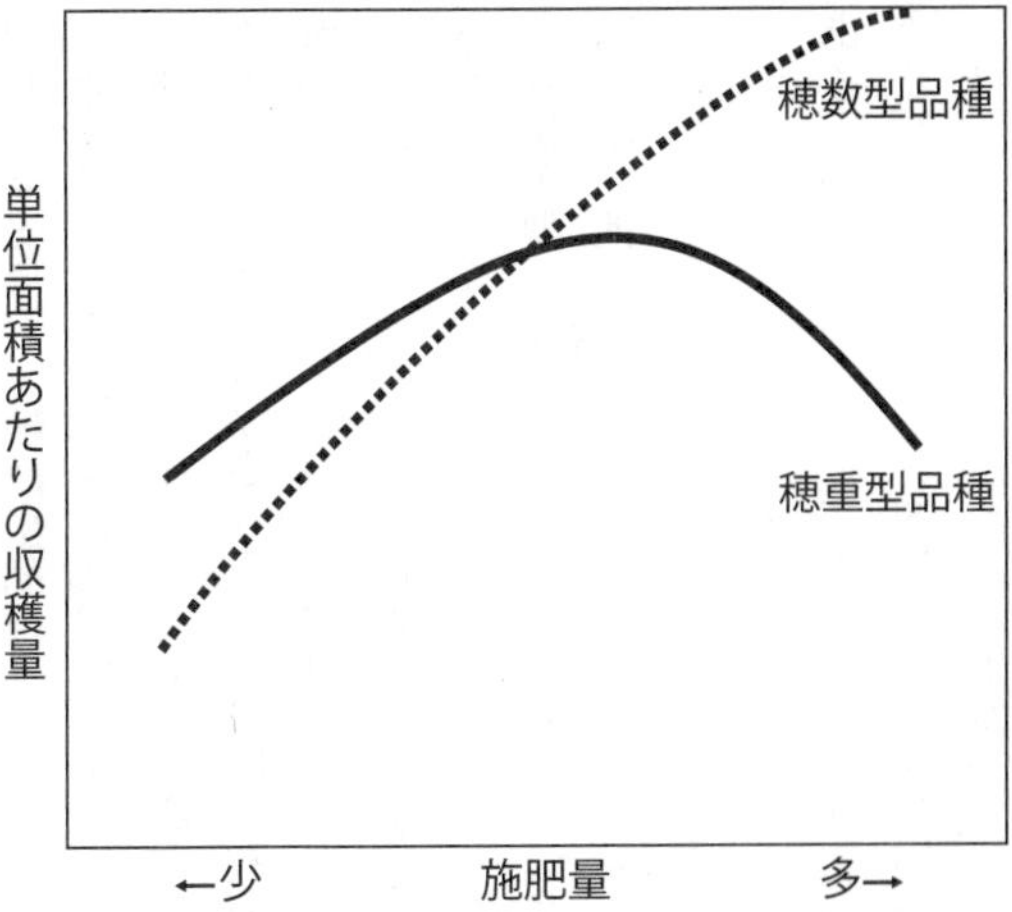

4―10　穂数型と穂重型の生産量を示す模式図

では窒素肥料が潤沢に使えない場合はどうか。草丈の高い品種は窒素肥料の施肥量が減っても収量の低下は小さい。つまり窒素肥料が限られた環境下では、草丈が高い品種のほうが相対的に高い生産力を得ることができる。その理由は第６章で述べる。草丈が大きい品種はそのぶん穂が長く、したがって穂あたりの粒数も多くなる。そしてそのぶん株分かれの能力が低い。このようなタイプを農学の分野では「穂重型」と呼んでいる。対極の型は穂数型、つまり短い穂を多数持つタイプである。図４―10にあるように、窒素肥料の量が減れば減るほど、穂数型品種は不利に、反対に穂重型品種は有利になる。

穂数型と穂重型の違いは、生理学的には植物ホルモンの作用によって説明ができる。穂重型品種では頂芽をよく伸ばそうとする植物ホルモンが働いて脇芽である分けつ（株分かれでできた茎）の発達が抑制される。反対に穂数型品種では頂芽を優先する植物ホルモンの作用がそれほど強くなく、十分な窒素肥料が与えられるなどの条件が整えば分けつを盛んに発達させる。

嵐嘉一(18)は各地の文書に残る品種の記録を仔細《しさい》に分析して、どの地域にどのような品種が栽培されていたかを調べ上げた。そしてそれらの記録から、その品種が穂数型の品種なのか、それとも穂重型の品種なのかにも言及している。その一端をここで紹介しておこう。この時代に全国的に一世を風靡《ふうび》した品種がいくつかある。「一本」「千本」「弥六」などがそれである。これらの名称の由来はわからないが、「一本」と「千本」は、どうやらその形態が関係しているようだ。嵐によると「一本」も「千本」も、どちらも一株あたりの穂の数が多い穂数型の品種である。穂数型の品種は、先述のとおり肥料分の多い環境に適し、大きな収穫をあげることができる。「千本」という品種はいまにも伝わる。さすがに栽培面積はごく限られているが、愛知県付近で栽培されていた「中生新千本《なかてしんせんぼん》」がそれである。この品種もまた、穂数型の品種であった。「千本」の名にふさわしい品種であったと記憶している。

ところで、「千本」ならわかるが「一本」が穂数型というのはどういうことだろうか。わたしは、「一本」という品種は、千本の対極にある穂重型の品種ではなかったのかとも考えてみる。あるいは、「一本」と呼ばれた品種には、嵐のいう以外にもうひとつ穂重型の品種があったと考えてみたい。肥料の普及などで穂数型の品種が広まってゆくなか、その田のなかに穂重型の一株が混ざっていたとしたらどうだろう。それはさぞかし遠目にもよく目立ったことだろう。この時代の終わりころには西日本各地で「白玉属《しらたま》」と呼ばれる穂重型の品種が見出されている。これらと「一本」を結びつけて考えるのはいかにも早計だが、一応、注意を払っておくことにしたい。

白玉属の品種たち

大学院生時代の一時期、わたしは倉敷《くらしき》市にあった岡山大学農業生物研究所（当時）で勉強させてもらったことがある。いわゆる内地留学のようなものである。当時はまだおおらかな時代で、京都の研究室の教授と農業研究所の教授の間の了解でことは進んだ。おかげでわたしは京都と倉敷を往復しながらイネとオオムギの遺伝研究をさせてもらうことができた。

研究所では小西猛朗《こにしたけお》博士の指導のもとオオムギの起源の研究を始めていたが、研究所にはときどきこの分野の世界的権威であった高橋隆平《たかはしりゅうへい》博士（一九一〇〜九九年）も来ておられた。気さくな先生で、わたしが京都から来ていると知るとご実家が京都府下で米問屋をしていたことなどを語ってくださった。そのなかでわたしの印象に残ったのが、大阪市場の米は東京市場の米より一割は大きく、小粒の米は高く買わないこと、その理由は小粒の米は精米すると目減りが大きいからだ、という話だった。

その後本格的にイネや米の歴史の研究にあたるようになって、わたしは博士のお話が本当であるのを知った。どうも幕末から明治初期にかけて、西日本では粒が大きい「大粒《だいりゅう》」品種がいくつも誕生している。米粒がどれだけ大きければ大粒と呼ぶか、はっきりした定義はないが、一粒の重さが二五ミリグラムを超えるものをそう呼ぶことが多いようである（ちなみにコシヒカリのそれは二二ミリグラム程度）。「都《みやこ》」「白玉《しらたま》」「雄町《おまち》」などのほか、酒米として聞こえた「奈《な》良穂《らほ》」「山田穂《やまだほ》」などがそれである。

山口県に、「都」という品種があった。個人的な話で申し訳ないが、わたしの卒業論文は日本の古い品種二〇あまりを使って、たくさんとれる「多収」という性質がほかのどのような形質――遺伝的な性質――で決まるかを調べるというものであった。そこで使った品種のひとつがこの「都」だった。当時はなぜ「都」という名前の品種が山口にあるのか不思議には思っていたが、その謎を解くべく調べてみるなどということはしなかった。その謎の答えはこうしたものだった。

一八五二年のことである。殿様の参勤交代の供として京を訪れていた長州《ちょうしゅう》藩士内海五左衛《うつみござえ》門《もん》は、郊外の水田に変わった稲穂が二穂あるのをみつけて持ち帰り、郷里（現・山口県岩国《いわくに》市周東町上久原《しゅうとうまちかみくばら》）の隣家の田中重吉《たなかじゅうきち》という人に試作させた。京都の生まれだから「都」らしいが、「都」の名はどうやら田中がつけたものらしい。その後「都」は好評を博し一八五六年からは殿様の御膳米にも使われた。さらに一八八九年、現在の山口市上小鯖《かみおさば》の伊藤音市《いとうおといち》という人が「都」に選抜を加えて「穀良都《こくりょうみやこ》」という品種を作った。「穀良都」はいまでも福岡県下で酒米として使われ、根強い支持者によって支えられている。

「都」のもとになる二穂が京都の洛外《らくがい》で見出されたという説には異論もある。『周東町史』(19)によれば内海五左衛門がその二穂を手に入れたのはいまの兵庫県西宮《にしのみや》市であるという。しかも黙って持ち帰ったのではなく購入したとある。京都説は、内海から種子の分譲を受けた田中重吉から引土蔦次郎という人が直接聞き取ったものである。また西宮説は当地（岩国市周東町上久原）に残される内海五左衛門の顕彰碑の碑文によるものと思われる。いずれが正しいかはいまのところ明らかではないが、どちらも伝聞であるだけに特定は難しいかもしれない。

現在の岡山市中区雄町《おまち》では、その地名をとった「雄町」という品種が生まれた。一八五九年に、岸本甚造《きしもとじんぞう》という人が伯耆大山《ほうきだいせん》への大山詣での帰途、途中でよい穂をみつけて持ち帰って試作、改良を加えてできたものという。なお、発見者を服部平蔵《はっとりへいぞう》という人とする説もある。「雄町」はいまも酒造用に使われているほか、滋賀県農業試験場でさらなる改良を受けて一八九五年「渡船《わたりぶね》」となり、米国に運ばれて後のカリフォルニア米のもととなった。(20)ほかにも、福岡県で見出された「白玉」は、福岡県企救《きく》郡東谷村《ひがしたにむら》（現・北九州《きたきゅうしゅう》市）の弥作《やさく》という人が一八四九年宮崎県生目《いきめ》八幡《はちまん》（宮崎市）に参詣した帰りにみつけた稲穂から選抜した新しい品種であった。

なお、「白玉」の名称は、大脇正諄《おおわきせいじゅん》によれば、「其（米粒）の中心に不透明なる白点を有す是れ白玉の名のある所以《ゆえん》」となる。(21)

これら大粒品種は後に加藤茂苞によって「白玉属」と呼ばれるようになった。そして大阪市場では理想の米といわれ、また酒造用にもよいということで一世を風靡した。明治時代の終わりころまで、堂島《どうじま》市場の米は東京の市場の米に比べて粒が大きいことは、先の高橋隆平先生の話のとおりよく知られていたようである。またこの白玉属の品種たちはDNA分析でも特有の一群をなし、他の品種とは来歴上の違いをみせているかのようである。

大粒の米は、当初は普通の飯米であったが、二〇世紀に入るころから次第に酒造用の米へと特化してゆく。しかしこれらが酒米としていまに残ったことでわたしたちはその特性をつぶさに知ることができる。歴史の妙を感じざるにはおられない。

毛のない品種と占城稲

本書でも随所で触れるように、イネの品種のなかにはずいぶんと変わった性質を持つものがある。ここで紹介するのは、「無毛」と呼ばれる品種である。普通イネの籾には「ふ毛」と呼ばれる細かな毛が密集しているが、なかにはこの毛のまったくない品種が存在する（グラボラスという）。それらは熱帯ジャポニカに固有といってよい（三八ページ）。この性質は、***gl***という第七番目の染色体にある遺伝子に支配されている。無毛品種と普通の品種を交配すると雑種第一代は「普通」になるが、第二代では、有毛と無毛の個体が三対一の割合で出現する。

無毛性には何か適応的な意味があるのだろうか。これについて角田重三郎《つのだしげさぶろう》は、乾燥に対する耐性をあげている。[22] ふ毛のない品種は葉にも毛がなく、「葉の無毛性は、それが広葉と組み合わされると、いわゆる界面層抵抗を高め、風が吹くときの大気と葉との間のガス交換を抑制する。そのために、強風下とくに高温乾燥の強風下での蒸散を抑制するのに役立つ」というのである。

無毛品種はラオスを中心とするインドシナ中央部の焼畑地帯から中国雲南《うんなん》省、フィリピン、台湾の山地部など限られた地域に分布する。どの地域も、いわゆる陸稲地帯である。これらのうちモチ品種はインドシナ中央部の焼畑で栽培されるものが多いから、「無毛のモチ」品種の由来はインドシナに求めるのがよい。こうしたことから考えると、『和漢三才図会《わかんさんさいずえ》』[23]にある毛のないモチ品種はグラボラスの熱帯ジャポニカ品種ではないかとも考えられる。わたしの知る限りインディカの無毛品種はなく、また仮にあっても少数と思われる。

4—11 「ふ毛」のないグラボラスの籾（左）

さて、この「毛のない品種」の来歴について、ひとつ気になることがある。嵐は「(白玉属に属する品種は）占城稲《せんじょうとう》と通称され、（中略）、松尾《まつお》（孝嶺《たかね》）(24)の分類に従うとB型（穂重型でかつ籾の大きな品種群に与えられた名称）への傾きが濃厚に認められるように思われる」と書いている。(25) また、薩摩《さつま》藩主の命を受けて編纂《へんさん》された『成形図説《せいけいずせつ》』(26)巻十六には、唐乇《からともし》の項として「芒はなく、籾がらは非常に大きい。また一名を占城という。葉・米粒は大きく、米は白くて粘り気がある」とある（現代語訳は美馬弘《みまひろし》さんのご好意による）。これらの品種はインドシナ半島の山地部からフィリピンなど島嶼の一部に展開した品種群であった。なお、占城稲をインディカに属し粘り気の少ない米質を持つ「大唐米」と混同する記述も過去にはみられるが、この記述に従えば両者は区別して考えるべきである。おそらくは一九世紀の中盤ころ、九州に、「占城稲」と呼ばれた一群の品種が渡来したらしい。具体的に書くと、大唐米はインディカに属しその多くが赤米であったが、占城稲は熱帯ジャポニカに属し、その多くがモチ米で、干ばつに強かった、と考えるのがよいだろう。もちろん渡来した「占城稲」の品種がそのまま残存しいまに伝わったばかりではない。自然交配を繰り返し、後代にその土地に適応したものが「白玉属」の品種として生まれてきたのだろう。

大黒稲

イネの品種のなかにはずいぶんと風変わりなものも多い。なかには実用上あまり意味がないとさえ思われる品種も残されている。「大黒」と呼ばれる品種もそのひとつである。成熟期の草丈はせいぜい五〇センチ。穂の長さも一〇センチあるかないかである。植物体全体の色も濃い緑色で、身体全体がいかにも粗剛にみえる。そして何よりも目立つのが籾の形である。通常のイネに比べて明らかに丸く、縦横の比は一・三倍程度。見た感じとしては真ん丸に近い。大きさも小さめで、一粒の重さは数ミリグラム。コシヒカリのそれが約二一ミリグラムだからその三分の一にも満たない。生産量は当然に低い。測ってみたことはないが、経営的にはとうてい成り立つまい。

では、どうしてこのような品種が維持されてきたのか。農作物の品種は人のかかわりがなければ失われてしまう。つまり人が何らかの価値を見出さなければ、その品種は速やかに失われてしまう。「大黒」という、およそ経済性のない品種がいまに伝わってきたのは、何らかの存在意義があったからである。存在価値のひとつは、収集家の好奇心を満たしたからであろう。だがそれだけではない。東北地方の各地では、「大黒」を「田の神」と呼んでいた。日本の各地には田の神の信仰がある。東南アジアでは、稲作の神はイネにつくが、日本では田にもつく。「大黒」は田に水を引き入れる水口に植えたというから、田の神はイネを冷害から守るためのものであった。

大黒稲の起源はわからない。北海道帝国大学教授であった明峰正夫《あけみねまさお》はそれらを取り寄せて札幌で栽培してみたが、いずれも育たなかったという(27)。北海道は稲作にはあまりに高緯度で、本州以南の品種は超晩生となって花を咲かせることができなかったのだ（図１―４参照）。

4—12　大黒様（湯殿山大日坊）

大黒と普通のイネを交配すると、雑種第一代は普通のイネになる。この株についた種子を播いて第二代を作ると、なかからは普通のイネと大黒型のイネが三対一の割合で出現する。つまり大黒は一個の遺伝子の突然変異でできたものとわかる。東北地方にあったというそれら複数の大黒が、それぞれの土地で起きた突然変異によるものか、それともどこか一か所でみつかった大黒が譲渡、譲渡で複数の土地に広まったのかは、わからない。

ところで大黒のほかにもうひとつ、「夷《えびす》」という名前の品種がある。見かけは大黒そっくりだが、明峰は両者がまったく違う遺伝子に支配されていることを見事に証明している。その方法はとても興味の持たれるものなので簡単に説明しておこう。彼はまず大黒と夷を交配してみた。するとできた雑種第一代は普通のイネになった。この時点で大黒と夷とがそれぞれ違う劣性の遺伝子に支配されていることがわかる。その株についた種子を播いて第二代の株を育ててみたところ、「正常型」と「大黒または夷型」と「小大黒」という大黒よりもさらに背丈を縮めたタイプの株が、それぞれ九対六対一の割合で出現した。このことから、大黒の遺伝子と夷の遺伝子が別の遺伝子で、かつ異なる染色体の上（正確には別の連鎖群の上）にあるらしいことがわかる。

大黒も夷も、その名はおそらくは地方の農民による命名である。それにしても、これらの名はどこからきたものか。よく知られているように、大黒はおそらくは近世日本で民間信仰として広まった七福神のひとつである。もとはインドのシヴァ神といわれ、戦争や破壊を司《つかさど》る神だが、日本ではなぜか二つの米俵に乗っかる収穫の神である。出雲神話に出てくる「大国主《おおくにぬしの》命《みこと》」と習合したからだともいわれる。イネ品種の大黒のずんぐりとした格好が、大黒様の形と似ていることからきたのであろう。夷の名前は七福神のなかのもう一人の神である夷からきたのであろう。夷神もまた豊穣《ほうじょう》の神である。

4—13 『本草図譜』に載せられた「こびとのいね」（国立国会図書館蔵）

品種としての大黒や夷は一九世紀には広く知られる存在であったようだ。江戸後期の博物学者岩崎灌園《いわさきかんえん》（一七八六～一八四二年）が著した『本草図譜』[28]には「こびとのいね」が描かれている。図をみる限り、それが大黒か夷かはわからない。だが、これらの存在が灌園の住む江戸にまで聞こえていたことは確かである。

米食文化の諸相

米食文化は都市文化

日本にいつ都市が登場したかは議論の分かれるところである。しかし、一時的に人が集まったところや政治の中心としての機能しか持たなかったところ、市《いち》が立っていた場所などを別とすれば、最初の都市は奈良であったというべきだろう。その後も京都、鎌倉《かまくら》などの都市が出現した。そしてどの時代にも、都市は人・モノ・情報が集まるところであった。そして当然、食に関する情報やもの（食材など）も集まるようになっていた。都市という存在が、食とくに米の位置づけを決定的に変えたのは、この時代の江戸や、その少し前の時代に登場した大坂や堺であろう。つまりは網野善彦《あみのよしひこ》(29)がいう政治的トップダウンとボトムアップの双方の力が働くようになってからのことである。都市民は、そのエネルギー源として穀類しか食うものがなかった。だから米を食った。とくに三都（江戸、大坂、京）ではこのことが顕著であった。米食の発達の出発点はここにある。

この時代はおおむね江戸時代に重なるが、その前期と後期とでは人びとの食が大きく異なる。後期に入ると、人びとの食は幾多の文書に明らかで、それらを丹念に読み解いてゆけばかなりのことがわかるようだ。また料理本なども多数現れて、料理の実態もある程度はわかる。

本章の時代の中ごろまで、江戸では、住民の大半（おそらく三分の二ほど）が男性であったといわれる。江戸開闢《かいびゃく》期には、土木工事や建設に携わる職人が必要で、その主力は近在の地域から来た若い男性であった。さらに地方の藩の江戸屋敷詰めの武士も多くが単身者であったことがこの傾向を増長させた。江戸の街が一応の完成をみたのちも、たび重なる火災とその復旧工事が、不断に建築作業を提供していた。あまりの火災の多さに、幕府は長屋など家庭内での火の使用を抑制しようとした。とくに揚げ物は禁止されていたらしい。そのため、てんぷらなどは完全な外食によるしかなかった。

こうした諸般の事情が屋台の食文化を生んだのだろう。店を一軒構えるよりも屋台のほうがてっとりばやく商売ができた。屋台はおそらくは雨後の筍《たけのこ》のようにあちこちに立ち並んでいただろう。江戸に限らず、大都市が外食、中食《なかしょく》中心の食習慣になってゆく背景には、都市が持つこうした必然性が強く関係している。

さて、米の消費に関して、当時の江戸市民は平均して一日五合（七五〇グラム）の米を消費していたという。カロリー換算すれば二七〇〇キロカロリーにもなる。江戸全体では年間一八〇万石（二七万トンあまり）の米が消費されていたことになる。江戸市民のなかには商家に住み込みで働く者も多く、彼らの食は雇用主である商家が賄った。多くは、飯と汁、野菜程度のもので、魚はときどきという状態だったという。それだけに、祭時などハレの日に外に出て屋台などで外食するのがとても楽しみだったらしい。また、京でも、ある商家奈良屋《ならや》では、幕末から明治初期にかけて店主から見習の従業員にいたるまでほぼ同量、一人一日三合（四五〇グラム）ほどを消費していた（宇佐美尚穂さんによる）。米食の文化は都市に花開いた。

むろん日本人全体がこれだけの米を消費できたわけでは当然、ない。川島博之《かわしまひろゆき》によれば、この時代の日本人一人あたりの穀類消費量は米を含めて三二〇グラムほどという[30]。江戸での消費量の四三パーセントほど。江戸市民の半分にも満たなかった。五島淑子《ごとうよしこ》[31]によると、天保《てんぽう》期長州藩における一人一日あたり食料供給量のなかで、米は二九八・八グラムであったとする。これはちょうど二合にあたる。

有薗正一郎《ありぞのしょういちろう》は、「近世の百姓の米の消費」について、これまで多く取り上げられてきた「触《ふれ》書《がき》」のほか、農民側の記録をもとに考察を加えている[32]。有薗さんは一七二一年の水田面積から米生産高を推定し（一町歩あたり一石と想定して一六四〇万石と推定）、農民以外の人口（五〇〇万人と推定）の消費分や種籾分などの必要量を控除した残余（八一二万石）を農民人口二四〇〇万人で割ると、〇・三四石＝重さにして五一キログラムになるという。この値は、現在の日本人の平均の米消費量（約五五キログラム）とほぼ等しい。そして、各地に残る記録をみても、農民たちがそこそこの量の米を食っていたと考えるのが妥当だというのである。

むろんこれら統計数値の解釈には、注意が必要である。史料の数値が、何らかの理由で曲げて書かれていたり、誤解に基づいて書かれていたりするケースもめずらしくない。ほかにも、度量衡や植物などの名称の変化もあるからである。米の生産や消費は、何らかの意図が働くことで、過少に、あるいは反対に過大に評価されるケースが少なくない。しかし、こうして残された史料の断片をつないでみると、都市部の人びとが三〜五合の米を食べていたらしいことは確かなようである。

白米登場

彼らはどのような飯を食べていたのか。「白い米」を食べていたのではなく、米と他の雑穀などを混ぜた「かてめし」を食べていたのではないかというのが先の有薗さんの考えである。傾聴に値するが、江戸市民の平均は一日五合、年に換算すると二七〇キログラムあまりになる（一九三ページ）。いまの消費はそれに比べれば五分の一ほどの値である。当時の人びとの米が「白い米」ではなかったのではないかと考える理由はそれだけではない。幕藩体制下では米は厳しい品質管理を受けなければ年貢米にはならなかった。[33]おそらく、年貢米として藩を出たのは品質のよい米だけであり、それ以外の屑米などは年貢米からは除外された。結局、年貢米にはならなかった粗悪な米が村に留め置かれたのだろう。農家の人びとには、とくに底辺にいた人びとには、願うべくもなかったのは米なのではなく、白い米であったということだろう。

この時代までの白い米は今にいう「白米《はくまい》」とは異なる。今の「白米」は、玄米を搗精《とうせい》して玄米表面をきれいに削り取ったもので、この時代前半の元禄《げんろく》時代（一六八八〜一七〇四年）ころに普及しだしたようである。精米技術の向上による。高級武士の間ではその前の寛文《かんぶん》（一六六六一～七三年）のころから常食されるようになっていた。そのせいで五代将軍綱吉《つなよし》が脚気《かっけ》になったともいわれる。白米ばかりを食べるとビタミンB_1が不足し、脚気になるというのである。玄米食では糠に含まれるビタミンB_1のために脚気にならなくて済むというわけだ。

白米が普及する前の米は、玄米と白米の中間のような米であったと考えられる（二四一ページ）。玄米が登場するのは、木摺り臼や土臼などと呼ばれた一種の回転臼が普及してからで、木摺り臼の場合は上半分の臼の下面に中心から放射状に溝が刻まれている。この上半分をまわすと溝に籾がらが入り込み、回転時の摩擦で籾がらが外れるしくみだ。土臼は下半分のなかにやはり放射状に編まれた竹かごが入っていて、その隙間に粘土が詰まっている。そして上の臼を回転させることで籾摺りが進行する。精米の道具が普及したことで、江戸では、米搗屋が杵を担いで町を歩き、求めがあれば米を搗いていたという。このようにしてこの時代以後は玄米という商品が大量に生産できるようになった。玄米にしたことで、太古の時代からの搗米に比べて保存性が高まったことだろう。

江戸と上方

食の東西。日本人はこの話題が大好きである。わたしも授業の際などに食の東西の話をするが、他の話題のときには退屈そうに聞いている学生たちも、この話題になると喜々として話に参加してくる。正月の餅の形（丸餅か角餅か）、うどんや蕎麦《そば》のつゆの濃さなど、話題に事欠かない。

実際、東京の和食と上方の和食とはかなり様相が違っている。もちろん現代のように通婚圏が広がり、移動に要する時間も短縮されたわけだから融合はかなり進んでいると考えられるが、それでも二つの地域の食にはまだかなりの隔たりがある。

改めて「食の東西」をみてみる。その事例は、先の餅やつゆのほか、「東の蕎麦と西のうどん」「ウナギの背開き（関東）と腹開き（関西）」「東の白ねぎと西の葉ねぎ」などだが、こうした食材の調整法以外にも、江戸で発明された食のなかには、ごく一般的にいって単品を短時間で出して温かいうちに食べる、いまでいうファストフードのようなものが多いといってよい。このことが関係してか、飯ものにしても「丼もの」や「深川《ふかがわ》めし」など、飯の上に菜や汁をかけたメニューが多く登場したともいえよう。

米食文化にも東西差があった。たとえば飯は、京都などでは昼に炊くことが多かったようだ。喜多川守貞《きたがわもりさだ》の『守貞謾稿《もりさだまんこう》』を底本にした『近世日本風俗事典』(34)によると、この時代、平時の飯は、京坂（京阪）では昼食時に炊いたが、江戸では朝に炊き、昼と夜とは冷や飯を食べた。夜は漬物と茶漬けにすることが多かった。京坂では朝も昨日昼の飯を食べることになって身体が冷えるので、とくに冬には冷たい飯に塩と茶を加えて炊きなおした「茶粥《ちゃがゆ》」を食べた。江戸では朝に飯を炊くので朝粥にする習慣があまりなかった、というわけだ。「江戸では朝に飯を炊き上方では昼に炊いた」のは、江戸の都市政策のなせる業だったのかもしれない。江戸は大都市のなかでも火事が多かったとされるが、出火の原因はともかく、類焼、延焼の原因は強風である。朝は、陸風が海風に変わるいわゆる「凪《なぎ》」の時間帯であるが、昼食時は海風である南風が強く吹く。とくに春先、春一番の南風と合わされば、ちょっとした失火が大火になるような強風が吹いた。

上方では、飯は飯として、おかずとは分けて出すいわゆる一汁多菜の形式のウエイトが大きかった。商家などでは使用人を食事つきで雇用する形式が多く、そのことが銘々膳とともにこのスタイルを普及させるもととなったのだろう。

一汁多菜の形式では、飯はおかずの汁などで汚さずに食べるのが作法であった。白い飯の上におかずを載せると飯が汚れる。ご飯を汚す、といって叱られた経験をお持ちの方も多いだろうと思う。むろん江戸の食事も、日常の家飯はこの形式だっただろうが、外食が多くなるとファストフード形式の食が増えたものと考えられる。江戸式の、深川めしや鰻丼《うなどん》などでは飯はネタの下に敷かれるか、または飯と菜とが混ぜられる。鰻《うなぎ》屋が「つけめしあり」と書いたのが一七七七年前後のことという(35)。天丼の誕生は、鰻丼の誕生の半世紀後であったようだ。これらは、江戸のファストフードが米食と融合したもので、これがいまの東京の米食文化の基礎になっている。魚を飯の上に乗せるという意味では、にぎりすしもまたその延長線上にある。江戸料理は、このような米と魚を合わせた一品料理としての性格を持つ。そしてこうした食習慣のもとでは、白い飯をおかずのつゆで汚すことへの抵抗感もそれほど強くなかったのではないかと思われる。

冷や飯、弁当、おにぎり

この時代はいまと違って、炊いた飯を保温しておく装置はなかった。炊き上がった飯は、その直後からは冷める一方である。米が炊かれると、でんぷんは水を含んで糊《のり》状の物体に変性する。これを、糊化《こか》とかアルファ化するという。いったんアルファ化したでんぷんは、しかし、冷めてももとの形に戻ることはない。でんぷんの分子が抱きかかえていた水が放出され、飯は水っぽく、またぼそぼそになる。これをでんぷんの老化という。当然にして、老化したでんぷんはうまくないし、また生のままの米と同じく消化がよくない。冷や飯は単に冷たいだけでなく、うまくないし消化にもよくないのである。日本語には「冷や飯を食う」といういいかたがあって、しいたげられている、あるいは疎んじられているといった意味を持つ。冷えた飯がうまくないことによる比喩になっている。

でんぷんの老化は、二種類のでんぷん、アミロースとアミロペクチンのうち、アミロースに顕著である。だから、アミロース含量の高い米ほど、老化の影響が強く出る。アミロースを持たないモチ米では、アルファ化したあと冷めても冷たくなるだけで、老化の影響は食感にそれほど出ない。おこわが冷めても普通に食べられるのはそのためである。タイの北部、東北部やラオスではモチ米がおこわの形で常食されているが、彼らは毎朝米を蒸し、昼はそれを竹のカゴに入れて野良に持参する。食べるときは指先で適量をつまんで手のひらで団子状に丸めておかずと一緒に食べる。

ウルチ米の飯もまた老化の影響はそれほど大きくない。ただしここでいうウルチ米は、いまの日本で食べられているウルチ米である。アミロース含量は低く、だからおにぎりや弁当にして食べることができた。もし、日本の米が、たとえばタイ米のようなアミロース含量の高い米であったならば、このような調理法は発達しなかったかもしれない。

いっぽう、熱帯低地の米のように、アミロース含量の高い米の飯は、冷めるとぼそぼそとした感じになりやすい。老化が早いといってよいだろう。熱帯低地のイネには、インディカに属するものが多い。そこで、インディカのイネ＝高アミロースの米という解釈が通用しているが、これはまったくあてにならない。インディカ品種のなかにはモチ米もある。反対にジャポニカのなかにも高アミロースのものがある。米の粘り具合は、ほぼ、アミロース含量の多寡によるといってよい。そしてこのアミロース含量は七九ページに書いた*Wx*遺伝子によって決まっている。インディカであるかジャポニカであるかは、この遺伝子の型とは直接関係がない。インディカかジャポニカかという分類上の問題と米の粘り具合とをリンクさせるステレオタイプな考え方からはそろそろ卒業したい。

米の料理でありながら意外と忘れられているものに和菓子がある。忘れられたというより正当に評価されていない、というべきだろうか。数百年以上の伝統を持つ米の食品で、現在のそれは主菓子《おもがし》（生菓子）と干菓子とに分けられる。和菓子の系統は、餅屋から伝わったものと、茶の湯の文化ではぐくまれたものとに分けるのがよいように思われる。こうした歴史的な経緯はいったんおくとして、その原料の面からながめると和菓子の主原料は、米、水あめ、寒天、砂糖、小豆や黄粉などマメの食品、山芋などである。あとは着色や香りづけの色素（ヨモギのような植物質のものを含む）くらいのシンプルなものである。

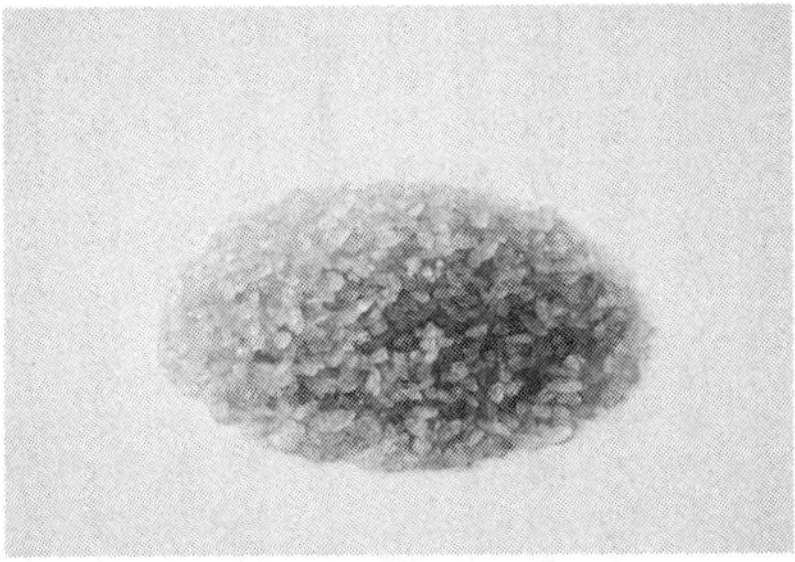
4—14　道明寺粉

米は、多くの場合、粉に挽いた米粉を使う。米はモチ米とウルチ米の両方が使われるが、ウルチ米とモチ米とでは名称が異なる。ウルチ米の場合は、新粉、上新粉などといい、またモチ米の場合は、餅粉、白玉粉などという。風変わりなところでは道明寺《どうみょうじ》。道明寺はいまの大阪府藤井寺《ふじいでら》市の尼寺《あまでら》である道明寺のこと。ここで生まれたとされるのが道明寺粉で、モチ米のこわ飯を干して乾燥させたもの（糒《ほしいい》という）を細かく砕いたものである。いまでは関西風の桜餅やツバキの葉で挟んだ椿餅《つばきもち》など限られた用途にしか使われないが、一二七ページで述べたように、保存食としての糒を作るうち、砕けてクズになったものを再利用したのではなかろうか。

水あめは、現在ではオオムギから作られるが、かつてはモチ米で作られることもあったようだ。モチ米の種子を発芽させると、種子のなかの酵素がでんぷんを糖に変える。母利司朗さんによれば、「飴《あめ》」の製法は三つあったようで、そのうちのひとつの製法が（煮詰めた糖蜜に）「餅米百五拾匁、水にて一夜ひたし置、扠《さて》水より上候て置、すゝり鉢にて水五合入、成程すゝり申」したものを加えて作ると記されているという。これを煮詰めれば水あめになる。いまでは米の酵素ではなくオオムギを発芽させて作る麦芽《ばくが》を米の粥に加える方法が一般的であるが、伝統的方法では純米製の水あめになる。ただし、米の酵素活性はオオムギのそれに比べて弱く、でんぷんを糖に変える効率は高くない。

あるいは蒸したモチ米に麴を処理すると、麴がでんぷんを糖に変える。甘酒を作る要領である。これを煮詰めても水あめになる。この方法も伝統的には行われていたようで、たとえば『今古調味集《こんこちょうみしゅう》』には「（二合五勺ほどのモチ米を）飯に焚、其中へ麦のもやしを入、一夜ねかし、翌日細き布にて漉《こ》し、右の水を焚火にて煮詰べし」との記載がある（母利さんによる）。

水あめを餅に混ぜると求肥《ぎゅうひ》になる。同じく生菓子の元になる練り切りも白あんに寒梅粉《かんばいこ》やみじん粉などと呼ばれる粉を混ぜて作られる。寒梅粉、みじん粉などの食品は、餅を焼いたうえで粉にしたもの。よって、練り切りもまた米の食品といってよい。このように、和菓子は、原料に還元してみれば米などごく少数の食材にゆきつくのに、その加工品と加工法の多様性には目を見張るものがある。

なお餅の製法だが、いまでは和菓子店などでは、搗いて作る代わりに白玉粉に水、砂糖などを加えてよく混ぜ電子レンジで加熱して作る方法がとられている。これだと混ぜ物をするのが楽なうえ、必要量を即席に作ることができる利点がある。求肥を作る際にもこの方法をとっているところがあるようである。

菓子というと、いまでは甘味である。しかし和菓子の姿を過去にさかのぼってゆくと菓子は必ずしも甘くはなかったようだ。それではこの時代まで、人びとは何によって甘味を得ていたのだろうか。当時の人びとは、とくに生産に従事する庶民たちは、現代人に比べてずっとエネルギーを消費していたのではないかと思われる。その彼らが、果たして甘いものに対する欲求を感じなかったのであろうか。これまで、甘味をもたらす食材は貴重品で庶民の口にはなかなか入らなかったのだというような言説があるが、本当にそうだろうか。人びとは、甘い食品を求めて「奔走」していたのではなかろうか。とくにこの時代に入ってからはさまざまな甘い食材が発明されてきたとも考えられる。古くからあったものとして、柿などの果実やそれを乾燥させたもの、ハチミツ、ここで触れた飴、あまづらなど植物の樹液を煮詰めたもの、などがあった。一部は、希少性や高度な製造技術のために一般庶民の口に入ることはなかっただろうが、庶民にもなじみの食材があったと考えられる。もちろんそれらが毎日口に入ったわけではないだろうが、甘いものがまったくなかったとも考えにくい。この問題は今後の研究課題として提起しておきたい。

砂糖の渡来は、日本人の甘味を変える大きなできごとであった。最初の渡来地は平戸《ひらど》、長崎であったが、ほどなく「シュガーロード」を通って小倉《こくら》に達し、上方、そして江戸へと伝わった。やがて一般にも普及するようになった。そしてこれによって菓子は、現代に通じる甘いものへと変わっていった。

第5章　米、みたび軍事物資になる——富国強兵を支えた時代

明治維新は、稲作と米の性格を大きく変えた。米が「富国強兵」の主役に躍り出たのだ。明治時代中ごろまで品種改良は民間の仕事であったが、国はこれにテコ入れする。この時代の品種には「神力《しんりき》」「亀の尾」「旭」「愛国」など、いかにも時代を表す名前が使われた。育種目標はもっぱら多収であった。やがて、品質の統一が叫ばれ、明治後期からは、「良質」であることが求められるようになった。しかしそれでも米が足りることはなく、国家による水田拡大の事業が一〇〇年にわたって展開する。「新・水田百万町歩開墾」である。それでも米の価格はしばしば暴騰し、米騒動のような社会不安にもつながっていった。

富国とは米を作ること

米を作れ!

明治維新後の日本は慢性的な米不足にあえぐことになった。米の生産そのものが明治維新によって減退したのではない。幕藩体制に支えられてきた米の流通システムが崩壊したのである。幕藩体制下では、経済のシステムは藩を中心に回っていたから、米の余剰も不足もおもには藩内のできごとであった。

それが「大日本帝国」の登場によって、問題は日本のできごとになった。米の生産を上げることと流通のシステムを新しい社会体制に沿って再構築することは政府の急務であった。米の輸入も進められていたが、定着することはなかった。さらに、国内の混乱がひととおり収まり対外進出の動きが活発化すると、兵站としての米の需要が高まった。ことに陸軍の米、とくに白米に対するこだわりは相当のものであった。量だけではない。質の面でも、国の対応は遅れていた。

幕藩体制下では米の品質保持は藩が主導して行われていた。ところが、その藩の重石《おもし》がなくなった。都市の市場に集まる米の品質低下が起きた。明治政府は質の向上を目ざそうとしたが、その意図は村には届かなかった。米の品質向上には、民の力が育つのを待つしかなかった。

量に話を戻そう。米の生産を増やすには、一般には耕地面積を増やすことと単位面積あたりの生産を上げることが必要である。前者のために明治政府が考えたのは北海道開拓など農地を増やすこと、あるいは水がないために耕作ができない土地への灌漑などである。後者としては、品種改良や土壌改良、さらには肥料や、農薬の開発により病害虫を減らすのも大切である。

品種改良は官民をあげて進められた。とくに民間の熱意はすごかった。そのことを端的に示すのが、新品種の育成者たちの顕彰碑が各地に建てられていることであろう。一世を風靡するような新たなイネ品種の育成は、育成者ばかりかその村や地域にとっても大きな誉であった。「富国」の一端を支えた事業を成し遂げた個人が同郷にいることに、人びとは誇りを持ってそれをたたえたのである。収穫の絶対量を増やすことが第一義であり、よくとれる米が探し求められた。中央政府も、三田《みた》育種場を作り基礎研究をスタートさせたほか、博覧会や品評会を開催して民の動きを後押しした。その詳細は次節以降に詳しく書くとして、ここではこの時代に集大成された水田稲作という総合技術たる水あしらいについて書いておきたい。

それに先立ち、当時の人びとの米の増産への執念ともいうべき思いのたけに触れないわけにはゆかない。時代はやや下がるが、『大日本農会報』の五九一号（一九三〇年二月号）には、島根県簸川《ひかわ》郡西田《にした》村（現・出雲市）の佐々木伊太郎という人がその前年（一九二九年）に一〇アールあたりに換算して一二六〇キログラムもの収穫をあげたという体験談が載せられている。この数字は玄米に換算すると八八二キログラム、現在の全国平均五四〇キログラムの一・六倍にもなってにわかには信じがたい数字である。ただし、この値は佐々木本人が申告したものではなく、当時の県の農業試験場長が現場に出かけ、みずからの手で田の一部（三坪＝約一〇平方メートル）のイネを刈って実測したものである。このような方法を坪刈りといい、公式に認められた収穫量の推定方法であるが、実測値より少し高い値が出ることが知られている。出来のよい部分を無意識のうちに選ぶなどするからであろう。

ともかく、多少の過大評価はあったとしても、実験が富民協会という実績ある組織が公募した事業に基づいていること、佐々木に対しては県の試験場があげて技術指導にあたり、また調査も試験場が行っていることなどを考えあわせれば、データ捏造《ねつぞう》のようなことはなかったとみてよい。何より、米の収量のコンテストが行われたり、その結果が伝統ある雑誌に掲載されたりするなど、当時の社会が単位面積あたりの生産向上にきわめて熱心であったことがうかがわれる。このようにして生産向上の「号令」は、全国津々浦々に及んでいたのである。

上流から下流へ、そして海へ

現代を生きるわたしたちは、日本列島の比較的大きな平野で「緑のじゅうたん」のような水田の光景が広がっているさまを見て生きてきた。秋田平野と八郎潟の干拓地、新潟平野、名古屋の北や西に広がる濃尾平野、大阪平野、岡山平野から児島湾《こじまわん》一帯、そして九州の筑後平野などはその代表である。それらの開拓を知らない若い人でも、その名前くらいは聞いたことがあるだろう。大阪平野や濃尾平野など二一世紀のいまの時点では水田は宅地に作り替えられ往時の姿は見る影もないが、それでもある年齢以上の人の瞼《まぶた》の裏には、どこまでも続く「緑のじゅうたん」の景観が焼きついているに相違ない。

5－1　児島湾の締め切り堤防と干拓地
（1959年撮影）（写真・読売新聞社）

　しかしこうした土地はこの時代になってはじめて本格的に拓《ひら》かれ、「緑のじゅうたん」へと作り替えられた土地である。開墾の嚆矢《こうし》はすでに家康による利根川流域の開墾（一五〇ページ）、大阪平野の大和川付け替え（一五六ページ）など前の時代に放たれていた。そしてそれを支えたのが石工、大工などの職人たちが築き上げた技の蓄積であり、さらにそれを数学（和算）が支えるという、日本社会の文化度の高さにあった。こうした文化力なしに大規模な水田開発はなかったのである。

　日本列島は海に囲まれた土地である。海とのかかわりを抜きに、この国を語ることはできない。前章に信濃川の大河津分水について書いたが、放水路の建造にあたっては資金面、あるいは技術的な困難さとともに、利害関係者とくに放水路の建造で被害を受けるかもしれない人びととの意見調整が大きな課題になった。治水工事では地権者はもとより、大量の淡水の流入による漁業被害、また多量の土砂が近くの港を埋めてしまう危険性など、思いもかけないところに影響が及ぶ。大河津分水建造に際しても新潟港への影響が懸念され反対運動が起きた。また、放水路の建造で信濃川本流の水や土砂の量が減って河口付近では海による浸食が起きたといわれる。

5―2　明治用水（写真・読売新聞社）

河川改修の影響が海に及んだ例はほかにも知られる。静岡市清水区の三保《みほ》の松原は一九八〇年代ころから海岸の浸食が進んで存続が危ぶまれたが、その原因は南西一四キロメートルほどのところにある安倍川からの土砂の供給が減ったことにある。安倍川上流の砂防ダムなどの工事が影響して川から海への土砂の供給が激減したことにあるようだ。大規模開発はこのような海の犠牲のうえに成り立っていた。

この時代には、水不足の土地に給水するための大工事も行われている。愛知県の明治用水は、矢作川《やはぎがわ》から豊田《とよた》市で水をとり、県東部の尾張丘陵を潤す全長一四三〇キロメートルともいわれる水路である。尾張丘陵は地図上では緑色に塗られて平らな土地であるかにみえるが、実際はゆるい起伏の台地でできた「少なすぎる水」に悩む土地と、低湿で「多すぎる水」（前章）に悩む土地が互いに隣接する土地であった。明治用水は、このうちの「少なすぎる水」に悩む土地を救ったのである。

そして開発はついに海にも及ぶ。沿岸の海が田のために埋め立てられた。その代表的な例を、秋田県八郎潟、岡山県児島湾そして九州有明海などにみることができる。八郎潟は海沿いにできた潟湖を、そして児島湾と有明海は大河川の河口部の湾を陸地にしようというものであった。大河川の河口部はほうっておいても運ばれた土砂が堆積し、陸地は沖に向かって徐々に拡大してゆく。湾の奥部に堤防を作って水の動きを遮断し、陸地側に淡水を張って土を脱塩し、出てきた塩水を湾に流す。これを繰り返し、さらに土を盛って田に開く。水田が海に向かって広がってゆくと、より内部にあたる古い水田の水はけはどんどん悪くなる。それを避けるため、排水路を計画的にめぐらせるなどした。

このように、大きな川の下流に広がる大平野にはじまって、場合によっては海を埋め立ててまで稲作地帯を広げる「国土改造」の計画は、先の時代からこの時代にまでいたる、文字通り国家百年の計だった。こうした壮大な計画があってこそ、沖積平野ははじめて大水田へとその姿を変えることができたのである。

化学肥料は生産を伸ばしたか

二〇世紀に入ると、化学肥料が急速に普及するようになる。それまで、肥料分はというと、草木の遺体あるいはそれを焼いてできた草木灰、また動物の排泄物や遺体など、いわゆる有機質のものしかなかった。「しかなかった」と否定的な表現をしたが、しかし、それが持続可能な農業の大前提である。化学肥料とは、石油などの資源を活用し化学的に合成された肥料のことで、発明以来爆発的に生産され利用されてきた。たしかに、そのプラスの面だけをみれば、化学肥料の施用量と穀類の取れ高の間には明確な正の相関があることが認められる。

一八一ページにも書いたように、施肥量とくに窒素分の増加に反応して収量を増やすのは「穂数型」の品種に顕著である。穂数型品種の開発が多収穫に貢献した最大の理由だと育種家はいうだろう。窒素分が多くなると、作物の身体は柔らかくなり、病気や害虫の侵食を受けやすくなる。病害虫の害を小さくするためにさまざまな農薬が開発された。薬学の研究者のなかには、有効な農薬の開発こそが生産性向上に貢献したという人もいるだろう。灌漑施設を作った農業工学の専門家は、圃場《ほじょう》整備や灌漑施設の整備が多収穫につながったのだというかもしれない。どの話も本当である。二〇世紀に入ってからのこれらの技術開発が、互いにあいまって米の単位面積あたりの収穫量を向上させたことは間違いない。

けれども、これら一連の技術が、いわゆる持続可能な稲作に大きな負の影響を与えたことも事実である。過剰な化学肥料や農薬が土壌に与えた影響はきわめて深刻である。ときにはそれらは農業圏を越えて人間の飲み水にも影響を与えている。このことはレイチェル・カーソン(1)や有吉佐和子《ありよしさわこ》(2)が指摘したとおりである。農業生産をあげようとすることで環境が破壊され、人間の健康がおびやかされるなど、本末転倒である。詳細は次章に書くが、灌漑システムの整備を含む構造改善事業は、いわゆる里地における「米と魚」のシステムを含む伝統的な生態系を大きく変えてしまった。土地に固有の食料生産システムが破壊され、代わりに化学肥料や農薬など汎世界的資源が使われることになった。それは食料生産の場におけるグローバル化そのものなのである。

ほんらい、農業の持続可能性とは、地球上の物質の循環が無理なく行える状態を農業という生業のなかで持続させることをいう。有機肥料も、土中の微生物が動植物の死骸などの有機物を、分子量が十分に小さな物質に分解することで得られるものである。分解にはそれ相応の時間がかかる。単位面積あたりの生産を上げようとするなら、なんとかこの時間を短縮することが必要である。化学肥料は、化石資源を使うことでその時間を短縮しているにすぎない。しかし化石資源は有限である。有限なものを使うわけだから、やがては枯渇のときが来る。化学肥料だけに生産の向上を託す考えは、もう破綻しているのだ。それに目を向けず、とにかく効率化ばかりを追求する農業のあり方に未来はないのである。

さらに物質循環の立場でいえば、人類が達成したことは、せいぜいものの循環の速度をほんのわずか速めただけのことなのだ。加えて、反応の速度は、簡単に速められるところとそうでないところとがある。どうしても反応を速めることができない部分が循環全体を律速する。しかしそれはやむを得ないことではないか。いくら科学技術が発達しようとも、できないことはできないのである。現代社会は、科学技術の急激な発展で、人類は近い将来何でもできるようになるかに錯覚しているが、そんなことはありえない。その錯覚は、永久機関なるものがありえないことが物理学によって厳密に明らかにされたいまなお、新たな永久機関論が登場するのと同じく、人類のあつい願望に支えられているのだろう。だが願望のなかには、どこまでいっても願望にとどまるものもある。科学や技術の役割は、できないことはできないと、はっきりいうことである。

ポストハーベストと山居倉庫

米は保存がきく食品であるかにいわれる。たしかに野菜や動物性の食材に比べれば保存性は明らかによい。しかしそうはいっても、米もあくまで生ものである。保存状態が悪いと、品質はすぐに低下し、ひどい場合はかびたり腐ったりする。コクゾウムシなどの昆虫の害も甚大である。被害を受けた米はもはや廃棄をまぬかれない。品質を落とさない鍵は収穫後の乾燥を徹底することと、翌春以降の保存状態をよくすることにある。収穫後の農産物の質を守ったり高めたりする技術をポストハーベストというが、米の場合にもこのポストハーベストの作業はきわめて重要であった。収穫後の乾燥はいまではほとんどが機械によるので地域差はないが、機械乾燥が導入される以前、乾燥は地域によっては決定的に重要な作業だった。

稲刈りしたイネを穂を下にして稲架《はさ》にかけて天日に干すのだが、とくに北陸から東北地方にかけての日本海側の地域では、収穫の秋の直後には時雨の季節がやってくる。じっくりと乾燥させる時間的な余裕はなかった。まだ完全に乾ききっていないイネを強引に脱穀すると、米の水分含量は高いままになる。それを貯蔵すれば品質の劣化は避けられない。

冷蔵の技術のなかった時代、米はどのように保存されていたのだろうか。先人たちの苦労の跡を山形県酒田《さかた》市の山居《さんきょ》倉庫にみてみよう。この設備は、収穫した米を関西市場に送るまでの間貯蔵しておく倉庫で、全部で一四棟の倉庫が一八九七年までに完成した。そして倉庫はいまなお九棟が現役である。北前船の拠点港でもあった酒田港に隣接していて、地の利は抜群によい。空調のない時代のこと、米の劣化を防ぐために倉庫にはさまざまな工夫が凝らされている。

5—3　山居倉庫とケヤキ並木

まず土間には塩を撒きつき固める。そして屋根を高くして二重構造にし暖かい空気を上に集めるようになっている。さらに倉庫群の西側には何本ものケヤキの巨樹が植えられ、その活発な蒸散であたりの空気が冷やされ、夏には樹冠の緑が直射日光を遮り室温上昇を防いでいる。こうした二重、三重の工夫により、倉庫は米を少しでも乾燥、低温の条件下で保存することができるようになった。

山居倉庫はじめさまざまな努力はやがて実を結び、東北の米はその後品質を高めてゆく。「鳥またぎ」とまでいわれた悪い評判は影を潜め、東北地方といえば良質米の産地というい まの評価につながっていったのである。

イネの品種改良はどう進んだか

新しい品種を求めて

わたしは、科学技術の発展は、大筋では間違いなく人類の福祉に貢献したし社会の発展に役立ったと思っている。米の収量拡大もそのひとつである。日本全体で収穫を上げるには、寒冷地での収穫高の向上と安定化が欠かせなかった。東北地方などでは冷害が頻発し、そのたびに生産が落ち込んでいた。冷害対策の技術向上と寒さに強い品種の育成が急務であった。

ところでわたしたちは「品種」という語をあたりまえに使うが、この語はいつから使われているのだろうか。こうした問いに答えるには時代をさかのぼって関連の文献を読み解き、初出の文献を特定する必要がある。『大日本農会報』一七七号（一九〇四年）では「品種」という語は登場せず「稲米種類」となっている。同じく『大日本農会報』に連載記事を寄せた田中節三《たなかせつさぶ》郎《ろう》も、品種の語はほとんど使っていない[3]。田中はその論文のなかで「稲品種類」という語を用いたが、このなかの二文字をとって品種としたのかもしれない。『最近米穀論』を著した大脇正諄は一八九九年にはすでに「品種」の語を使っている。どうも、一九世紀から二〇世紀に移るころに、品種の語が使いはじめられたようである。ただしこの点についてはさらに検討することとしたい。

さて、品種はどのように広まっていったのか。明治政府誕生後も、民間のネットワークが著名な品種を生み出すのに大きな役割を果たすことになる。この時代の品種改良は民が主導であると書いたが、一八六三年には中村直三《なかむらなおぞう》という人が比較試験を行っている。中村はさらに各地から集めた三二一品種を一八七七年の第一回内国勧業博覧会に出品している。そして四年後の第二回内国勧業博覧会の折には出品された品種数は七四二に及んだ[4]。博覧会への出展により、それまではその地域でしか知られていなかった多数の品種が、他県、他地域の人びとの目に触れるようになった。イネ品種の情報化時代の幕開けといってよい。これによって優れた品種と認められたものはあっという間に全国に広まる機会を得たのである。

5—4古橋家にあった130年前の籾（愛知県豊田市）（提供・古橋懐古館）

安藤広太郎《あんどうひろたろう》によれば、明治政府が明治初期に日本国内の品種を集めたところ、四〇〇〇に達する数の品種が集まったという。同種異名のものを整理しても、総数は三五〇〇～三六〇〇品種を超えただろうとみられている。

「神力」と「愛国」

この時代、米不足にあえいでいたのはひとり政府ばかりではなかった。都市の生活者も、また地方の農民もみな、米の増産に強い関心を持っていた。地方の農民たちのなかには、みずからの手で新たな技術を開発したり、新たな品種を作り出そうという動きが、おそらく明治維新の前後からあった。そして、明治時代はそうした彼らの努力が開花した時期でもあった。富国強兵の願いを一身に引き受けたかの品種が二つある。

一八七七年のことである。兵庫県揖西《いっさい》郡中島村(現・たつの市)の丸尾重次郎《まるおじゅうじろう》は、自分の田に栽培していた品種「程吉《ほどよし》」のなかに、芒がなく、かつ多収を思わせる穂を三本みつけ、これに「器量能《きりょうよし》」と名づけて試作してみた。その結果それは収量が大変多く、また見た目にも美しい品種に思われたので、近在の岩村善六《いわむらぜんろく》らがこれを「神力」と名づけて普及した。なお、「程吉」には「程善」の、また「器量能」には「器量良」の別名があるが、ここでは加藤茂苞の用法に従う。

神力はよほど多収であったのだろう。うわさがうわさを呼んだのか、わずか六年後には県南西部一帯各村の五割から六割の田で神力が植えられるようになった。そればかりではなかった。前項にも書いたとおり勧業博などの機会を通じてよい品種のうわさが全国に広まる手段が確立していた。このころから丸尾や村には神力の種子の分譲の依頼が全国から殺到した。普通ならことわってもよい依頼である。しかし、村はそうしなかった。殺到する膨大な依頼にこたえるため、丸尾の中島村と岩村の余部村《よべ》（現・姫路市）などでは「平井水稲神力採種組合」を結成して（一九〇八年）、地区の田のほとんどを使って採種し全国からの依頼にこたえた。この結果、神力は二〇世紀初頭には栽培面積が五〇万ヘクタールを超える希代の品種に成長した(5)。一九一九年の神力の作付面積は五八・七万ヘクタールであったが、これは二〇一四年時点でのコシヒカリの栽培面積（ざっと五六万ヘクタール）をなお超えている。

神力の登場、普及の歴史をみると、「官」の関与がきわめて薄いということの時代ならではの特徴が垣間見《かいまみ》える。この後国は国立の試験場を設け、イネ品種の育成を主導するようになるが、神力のころにはまだその体制ができていなかった。むろん官が何もしなかったわけではないが、国が国立の試験場をはじめておいたのが一八九三年のことである。そしてそこで行われた重要な事業のひとつが比較試験とその結果を博覧会に出品することだったというから、明治初期の民の実力のほどが知れようというものである。こうした状況下での丸尾らの働きには頭の下がる思いがする。そして次に紹介する、この時代の東の雄「愛国」の出自にも民間のネットワークが関係したといわれる。そのネットワークとは、なんと俳句の会であった。

「愛国」誕生にかかわる説は大きく二つある。ひとつは静岡県伊豆《いず》で栽培されていた「身上早生」という品種の種子が俳諧仲間のネットワークで仙台に伝わったものを起源とするという説、そしてもうひとつが広島県にあった「赤神力」という品種の種子が飯淵七三郎《いいぶちしちさぶろう》という人によって宮城県に運ばれたものを最初とするという説である。二つの説は長らく併記され決着のつかない状態にあったが、二〇〇九年に宮城県農業試験場で品種改良に携わってきた佐々木武彦《ささきたけひこ》が、前者を愛国の祖とする説を出してこれが広く受け入れられるようになりつつある。佐々木によれば、広島説は説明に具体性が欠けるし、また矛盾点もあるという[6]。

この種の議論は、二説のどちらが正しいかという議論になりがちだが、わたしは話はもっと複雑だったのではあるまいかとも思う。どちらが真かという議論はとりあえずおいて、この時代についてみてみよう。愛国が誕生した一九世紀末から二〇世紀初頭は、国をあげての増産の掛け声が高らかにかけられた時代で、生産は増えていたが、同時にこの時代は日本が西洋「列強」の真似《まね》をして近隣の国ぐにに侵略を始めようとするまさにその時期にあたる。国内での需要の拡大に加え、日清《にっしん》戦争（一八九四～九五年）、日露《にちろ》戦争（一九〇四～〇五年）による軍需、さらにはシベリア出兵などの構想も漏れ伝わる、米がいくらあってもよい時代だった。

大日本帝国は一八九四年、日清戦争のために広島市に「大本営」をおいている。あまり知られていないことだが、明治天皇はこのため、同年九月から翌年五月まで広島に滞在している。そして九四年の秋（一〇月）には帝国議会が広島で開かれている。飯淵七三郎が広島を訪れたのは議員としてこの議会に出席するためであった。貴族院議員に選出されてはじめての帝国議会に出席した彼の気持ちはどのようなものだっただろうか。それは、彼にとっても彼の故郷にとっても文字通り「出藍の誉」であったに相違ない。その彼が、帝国議会から戻った際に持ち込んだ一株のイネに、人びとが大きな期待を寄せたのは自然なことであった。隣村で話題になっていた「愛国」の名を誰かが語ったとして、これまた不思議なことではない。

帝国の時代であったこのころ、「神力」「愛国」そしてあとに出てくる「旭」などは、当時の人びとの耳にはなんとも心地よい名称であった。「愛国」の場合にも、どちらかが命名したその名にほれ込んでもう一方がその名を語ったとしても何ら不思議はない。あるいは双方が独立に「愛国」の名称を使ったとして、これまた何の不思議もない。生物学的に重要なことは品種の系譜図に登場する「愛国」がどちらのそれかということである。つまり、「陸羽二〇号」を通じて「農林一号」に伝わった遺伝子の持ち主がどちらの「愛国」かということである。この問題は、佐々木自身が指摘するように未解決のままである。

いろいろな「愛国」や「神力」

品種名は同じなのに、実際に植えてみると違っている——こうしたケースが昔から知られていた。二つは専門家の間では「同名異種」といわれる。各地の遺伝子銀行などに保存されている同名の品種をいくつか取り寄せて栽培してみると、たとえば籾先の色とか芒《ぼう》の有無などのちょっとした違いはしばしば認められる。「愛国」にも「神力」にも多くの同名異種が知られるが、どうしてこのようなことが起きるのだろうか。その理由は、いくつもの試験研究機関がそれぞれ独自にその地域に合った品種を収集するなどしたため、同名の品種が多数集まったからである。それらを試作してみるとどうも性質の異なるものが混ざっている、というような経験が同名異種の発見をもたらしたのである。つまり、同じ田に、異なる来歴のものを混ぜて植える経験が背景にあった。

品種改良に関する学問である育種学の教科書などには、ひとつの系統（品種）を長年にわたって、つまり幾世代にもわたって別の場所で栽培し続けると機会的な浮動（ランダム・ドリフトという）が働いて、ちょっとした違いが生じることがあると説明されている。生じた違いは遺伝的なもので、土を変えても栽培環境を変えてももとには戻らない。元の品種が、似通った性質を持つ複数の系統の集合であったから、あるいは突然変異が起きて元の品種とは性質が変わったから、というようなことが理由として考えられる。目立った違いがある場合には、その変わったところを形容句としてつけた品種名を持つ新しい品種として認識されることもある。たとえば、ある品種「○○」の田のなかから出た早生のものが「早生○○」、背丈の低いものならば「短稈《たんかん》○○」というように。

遺伝学的な常識からは自然な考え方といえるが、これはおおもとが同じひとつの品種であったことを前提におく考え方である。けれども実際には、同名異種が生じる原因はほかにもまだあるように思われる。違う個人や団体が同じ名前をつけてしまったなどの場合である。先の「愛国」の場合などこれにあたるのかもしれないと、わたしは思っている。現代に生きるわたしたちの感覚では、その行為はむろん受け入れがたい。とくにその名がすでに使われていることを承知で使ったとすれば盗用である。

しかし当時の社会ではどうだったのだろうか。むろん盗用は盗用だったのだろうが、品種というものがあくまで農家としての符牒のようなものだったとすれば、その影響はいまほど大きくはなかったのかもしれない。

北日本の米

育種先進地、庄内

一八九三年のことである。現在の山形県東田川郡《ひがしたがわ》庄内町《しょうないまち》の阿部亀治《あべかめじ》は隣村の知人の水田中に変わりものの穂を三本みつけた。その年の東北は長雨と低温が続き、イネはほとんどが稔っていなかった。そうしたなか、その三穂は輝いてみえたに相違ない。亀治はその穂を持ち帰ると翌年それを試作してみた。四年後、東北地方はふたたび気候不順に見舞われ、またウンカの害も生じたが、亀治のイネは比較的その被害が小さかった。それ以後、地域の人びとは亀治のイネ「亀ノ尾」に注目するようになったという。「亀ノ尾」の名称は彼自身ではなくこの村の太田頼吉という人によるといわれる。はじめは「亀ノ王」という名称が候補にあがっていたが、亀治が「王」の字にためらいを感じて「尾」にしたというエピソードも残されている。「亀ノ尾」に関しては残された記録が多く、わたしが新たに何かを書き加える余地はないと思うが、やや気になるのはこれら記録に書かれたことが少しずつ違っていることである。不明な点も残されている。亀治がみつけたこの三穂は同じ株についた三穂であったのか、それとも違った株についた穂であったのか。もしも違った株についていたものとするなら、なぜそのよう

5—5　さまざまな品種の稲穂　左から「亀ノ尾」「豊国」「ササニシキ」「どまんなか」。左２品種は右に比べて草丈が長い（庄内米歴史資料館蔵）

なことが起きたのか。そして最終的に「亀ノ尾」になったのがどの穂に由来するものかがわかっているのか、などである。ともかく、「亀ノ尾」は亀治の足元から村へ、そして地域社会へと徐々に普及していった。

じつは庄内ではほかにもいくつもの品種が生み出され世に出ていった。庄内という土地はこの地の農学の歴史を詳しく調べた菅洋《すげひろし》もいうように、(7)イネの品種改良に携わる人が群雄割拠した町である。理由は定かでない。貧しかったからだという人もいる。しかしそれならば東北の他の地域も変わるまい。反対に、とくに海沿いの地域は北前船のもたらした富などによって豊かだったからという人もいる。たしかに、庄内・酒田の本間《ほんま》家は、「本間様には及びもせぬが、せめてなりたや殿様に」といわれるほど、つまり藩主をしのぐ財力を持つ豪商であったという。そして本間家は、自分たちだけが富むのではなく農業上のインフラ整備に財を投じるなど社会に大きく貢献してきたといわれる。また、藩主の酒井《さかい》家も農業とくに米作りには力を入れ、また人材の育成や領民たちの教育にも熱心であったといわれる。こうした藩主の政策としての人作りや教育、豪商による産業基盤作りが車の両輪として作用して、農業や関連産業に対する投資が、この地方に多くのイネ品種を生む素地をつくったとみることができる。

庄内の人びとの農業へのまなざしはイネの品種改良にとどまらなかった。明治維新に際し、旧庄内藩士たちが結束し、藩の南東部にある月山《がっさん》の山麓の未開地を桑園などに開いている。開墾した土地は一八七三年には三〇〇ヘクタールを超えている。この地は松ヶ岡開墾場としていまも事業を続けている。

このように考えてみると、農業振興は国作り、人作りの基礎であり、その事業は一朝一夕で完成するものではない。農業はじめ国や社会を作ってきたさまざまな産業や、それらを作ってきた技術を文化として位置づける政策が、その土地を豊かにしてきたのである。そして教育は、この作業を次の世代に受け継ぐために、そのときの損得を越えて継続すべき国家的事業である。目先の利益だけにこだわり、文化や教育を軽視すればこの影響は数十年、百年の後のその地域、国の益を損なうことを国のリーダーたちには肝に銘じてもらいたい。

北海道の稲作

北海道といえばいまや日本一の米どころである。しかしこの事実をみているだけでは北海道の稲作の本当の姿を見誤ることになる。いや、日本の稲作の本当の姿を見誤ることになるといって過言ではない。

北海道に水田稲作が及んだのは一九世紀も後半を過ぎてからのことである。もっとも試作のかたちで持ち込まれた事例がなかったかどうかは確かではないが、一九世紀後半に導入されたものがいまの北海道の稲作の直接の祖先であることは確かである。

当初北海道の稲作は悲惨なものであったという。高橋萬右衛門《たかはしまんえもん》によれば、(8)国の出張所であった北海道開拓使はアメリカの「北海道農業顧問団」の意見を入れ北海道を家畜の飼養とジャガイモなどの畑作物の栽培による欧州式の農業地域と想定した。気候条件や土地条件を考えれば、至極当然の想定であったともいえるが、家畜とジャガイモといえば、ドイツを中心とする欧州の北中部にかけての生業の姿である。当然、屯田に入った人びとにもこの政策は伝えられた。

しかし、屯田で入った多くの人びとにとって、稲作と米食は悲願でもあった。彼らが故郷を捨ててまで北海道に移住したのも、米さえろくに食えない故郷での生活を一変させようという願いからであった。そうした彼らが新天地・北海道での稲作を断念するはずもなかった。

しかし、原野の開墾は困難を極めた。ましてや稲作の試みはことごとく失敗した。入植者たちは、二年目からはその生産物で食えることを前提に入植しているからである。開墾の失敗は死を意味する。それでも、人びとは水田での米作りをやめようとはしなかった。最初のうちはこれを禁じていた開拓使も、次第に見て見ぬふりをするようになり、やがて開拓使庁の後身である北海道庁は、一八九三年に稲作試験地を開設するなど、稲作の推進に方針を転換した。

けれども北海道に稲作が根づいたのは入植者の熱意や開拓使の政策など社会の後押しのせいばかりではない。直播という籾を水田に直接播きつける方法をはじめ幾多の栽培法の開発、品種改良法の改善とそれによる品種改良などの農業技術の開発がなければ、商業的な稲作は実を結ばなかっただろう。品種の面では「赤毛」という偶然に見出された品種が中山久蔵《なかやまきゅうぞう》という篤志家に拾われるという幸運（一八七三年）が味方したが、この幸運とて技術やその背後にある科学のたまものである。

北海道では官・民をあげて、これらの技術の体系化が進められた。札幌農学校が開設され、稲作試験地とともに稲作の研究を始めた。農学校はその後北海道大学農学部となっていまにいたるが、その校風は、卒業生でもありまた農学部長も務めた先の高橋によれば「対症療法的な技法にのみ走ることなく、真の技術を生み出す自然則の解明を重んずる気風」があったという。卒業生のなかには「メンデルの法則」の再発見のわずか二年後にイネの遺伝学を手掛けた星野《ほしの》勇三《ゆうぞう》はじめ、台湾におけるイネ育種に大きな貢献を果たした磯栄吉《いそえいきち》やそのもとにあった岡彦一（三五ページ）もいる。北海道の稲作は、学問の世界にも大きな影響を与えたのである。

このようにみてみると、オーギュスタン・ベルクがいうように開拓民の熱意が社会のつくりにまで影響を及ぼし水田稲作社会を作り上げたばかりではなく、水田稲作が北海道の自然や景観にも影響を及ぼしていることがわかる。いまの北海道の水田稲作の背後には、自然と人が複雑に絡み合う一種の連鎖反応の存在が浮かび上がってくるのである。

米への渇望

白い米が食いたい

本章の冒頭にも書いたように、この時代、貧しい人びとの食は悲惨を極めた。松原岩五郎《まつばらいわごろう》『最暗黒之東京』[9]には、「焦飯《こげめし》及び骸魚《あらうお》の如何《いか》に価のあるべきかを疑ひしのみならず、漬物の残

り は常に是《これ》を棄《すつ》べきものと思ひ居たりしが。特別なる人々の生活は、見るに従ツて食物の貴重すべきものなる事を覚らせ、彼等が飢に依ツて余義なき時は粉《こ》になりし麺包《パン》、枯たる葱《ねぎ》の葉も尚《なお》。立派なる商品として通用するを見たりき」とあるほどである。ことの真偽はともかく、白い米を腹いっぱい食らうなど、夢のまた夢であった。このようなとき、陸軍に入隊すれば白い米が食えるとうわさされた。とくに地方の、貧しい家庭の男子のなかには、あこがれの白米に誘われて入隊したものが大勢いたといわれる。富国の政策は、米それも白米を軍に集める政策であった。

しかし、うまい話は長くは続かなかった。日露戦争に苦戦した原因は、この白米食が原因の、脚気の患者の激増にあったといわれる。とくに陸軍兵士の患者は戦死者より多かった。白米ばかりを食べるとビタミンB_1が欠乏し、それによる脚気の症状が現れる。脚気はひどくなると最後は心臓マヒを起こして死にいたる恐ろしい病である。陸軍の内部ではさまざまな対策案も出たが、結局は白米支給が長く続いた。このことが脚気患者を出し続ける理由となったという。脚気の原因は長らく不明で、当時は細菌による感染説、中毒説などいくつかの説があったといわれる。学説の対立、陸軍と海軍の対立などさまざまな要素があったにせよ、その被害者は多くの兵卒たちであった。

とにかく、米の生産の大幅向上と品質の均質化は、日本が先進国として欧米各国と肩を並べるにあたって避けて通ることのできない大命題であった。そしてその両方を達成するひとつの方法が、新たな品種を生み出して全国の隅々にまで普及させることであった。まさに「富国強兵」の号令が、全国津々浦々にまでとどろき渡ろうとしていた。

米の増産、それも白い飯を腹いっぱい食う生活へのあこがれは、地方でも同じだった。いや、地方のほうが窮していたのかもしれない。このことをイザベラ・バードの『日本（奥地）紀行』にみることができる。彼女は一八七八年の六月から三か月をかけて日光《にっこう》から北海道までを旅し、その間に見聞きしたことを書き記している。[10] この旅行で、彼女は訪れた土地での人びとの暮らしぶりや食べ物についても克明に記録している。食材については随所で詳しく記録を残しているが、貧しい人びとの食の根幹が「米、粟《あわ》、塩魚、大根」にあると書いている。しかし、新潟を出た彼女がいまの米坂《よねさか》線の沿線を通過する際には、記録からは米が消えている。おそらくはこれが当時の東北地方の山間部に住む人びとの普通の暮らしだったのであろう。

その前の時代からの名残りで米の消費は都市部に偏っていた。その都市でも下層に暮らす人びとには米は高嶺《たかね》の花となっていたのだが、地方、とくに東北地方はじめ各地の山間地、寒冷地では、そもそも米、それも白い米を腹いっぱい食べるなど夢のまた夢であった。その彼らが軍、それも陸軍を志願すれば願いがかなうと知ったとき、彼らは進んでそうしたことだろう。

品質をそろえる――上からの意図

量的な拡大に加えて、品質の統一がもうひとつの緊急を要する命題であった。『大日本農会報』二七七号（一九〇四）には、「稲米種類の一定に就て」という一文が掲載されている。「其《その》品位一定せざるときは其享くる所の利益は大に減殺せられ却《かえっ》て品位　較《あきらかに》劣るも其産額多くして整一なるものに劣ることあるは普通見る所なり」として、とにかく品種を整理してその数を減らして作業の効率化を図ることが急務で、その先進事例として山口県の「防長米同業組合」の事例をあげている。(11)その内容を簡単に示すと、まず品種を四品種あげ、それらを県下一三か所の指定田で、選ばれた老農（いまでいう篤農家のことであろう）に命じて種子生産にあたらせることにしている。そしてさらに選抜した種子を、水より比重の大きな塩水に漬けて沈んだもののだけを種籾に使う「塩水選」という方法まで紹介し、さらにそれを一町村一〇名の農家に各戸三升（約五・四リットル）配って栽培させる、というものであった。

このように、多数の品種が栽培されていること自体が問題視され、それを減らすことが急務であるかに国は考えていた。なぜそこまで品質の統一にこだわったか、その背景は必ずしも明らかではないが、一九〇四年という時代がちょうど日露戦争さなかのころであり、大量の米が戦地に送られていた時期にあたることと無関係ではあるまい。

むろん生産者の立場からしても品種の統一は欠かせない事業であった。ひとつ前の時代まで、多様な品種の存在は作業の分散やリスク回避の立場からみても重要であったが、多様化は効率化とは裏腹の関係にある。生産性が表に出てくるときは効率化がいわれ、多様性は引っ込む。この理屈は現代社会でも同じである。だが、二一世紀の前半のいまの時代は、効率化がいわれた時代から多様化がいわれる時代になるのではなかろうか。

ところで品質の統一には、もうひとつ重要な意味があった。増産への志向は何もこの時代に限ったことではない。歴史上ほとんどの時代、日本の社会は米増産に大きなエネルギーを注いできた。だが、この時代の富国は、それとは違った側面を持つ。それは、各藩の生産性を上げるのとは違い、国全体の生産性を上げることと、そしてもうひとつ、「日本」という国としての品質をそろえることにあった。仮に藩ごとの生産性が上がり結果として国全体の収量が増えても、それだけでは十分ではない。「日本」という一体感が必要とされた。明治維新後、明治天皇は全国各地を行幸しているが、それも、みずからがこの国の元首であって、そのもとに統一した国家を作るという絶対的な命題があったからである。米もまた、「日本」の米でなければならなかった。やや時代は下るが、中央で稲作研究の端緒を開きその後九州帝大教授として赴任した加藤茂苞が、日本のイネを「日本型」(ジャポニカ)と名づけた[12]のも、このことが強く関係している。

加藤は、世界各地のイネ品種を集めてそれらのさまざまな特性を調べ、それらが大きく二つに分かれることに気づく。さらに重要なことに、品種同士を交配させてみると、二つの群の群内同士の交配では子は多くの正常な種子を稔らせるが、群間での交配では、子の種子の稔りが悪い。この現象を雑種不稔性という。そして、日本列島には片一方の群の品種しかないのに、中国では、二つの群の品種が入り混じっているように思われた。そこで加藤は、この日本列島に多いタイプの品種に日本型（ジャポニカ型）の名前を与えた。そして、他方に「インド型」の名前をあてたのである。加藤がもう一方のほうの品種に「インド」という土地名を与えたのはどうしてか。彼の論文にはいまでは考えられないような理由が述べられている。彼は、日本には日本型がほとんどだが、中国（唐《から》）では両群品種が半々となる。すると唐の向こうのインド（天竺《てんじく》）にはもう一方の群が優占すると考えられる、それで印度型（インディカ型）と呼ぶことにした、というのである。なんとも牧歌的な説ではある。

「旭」の登場——うまい米を求めて

米が軍事物資になって三〇～四〇年がたつと、今度は質への願望が頭をもたげるようになってくる。むろん国民の全部が食える時代になったということではない。

一九〇八年のことである。京都府乙訓郡《おとくにぐん》向日町《むこうまち》（現・向日市《むこうし》）物集女《もずめ》の山本新次郎《やまもとしんじろう》は自分の田の「日ノ出」という品種の田のなかによく生育した株を見出した。翌年試作してみるとたしかに生育がよかった。そこで彼はこのイネがこの地によく適応した品種であると考えさらに選抜を加え、京都府農業試験場にそのイネを持ち込んだ。試験場で試作してみたところたしかにできはよく、しかも品質も高かった。山本はこのイネに「朝日」という名をつけようとしたが、「朝日」はすでに丹後地方（京都府の北部）で栽培されている品種につけられていたので、試験場は山本に「旭」とするようにアドバイスしたという。当時の試験場はかなり「農民寄

5―6　旭米顕彰碑（京都府向日市物集女）

り」であったようで、きめ細かく農家を指導したり相談に乗ったりしていたようだ。いずれにせよ、新品種は「日ノ出」から出た「旭」という一種の符牒だった。

ところで、山本新次郎とはどのような人だったのだろうか。山本が「旭」を見出してその普及につとめはじめたのは還暦近くになってから。普通ならば隠居して余生を送るところである。だが、彼は大変に研究熱心で、「旭」発見以前からよく試験場に通っていたようだ。何が彼をそうさせたか。この答えを出すのは容易ではないが、少なくとも日本国中が一粒でも多くの米をとろうとしていた風潮が関係していることは疑いあるまい。

研究熱心で歳《とし》を重ねてからも新たな技術を開発したり新品種を出したりしていたのは山本だけではない。「亀ノ尾」を世に出した阿部亀治や、明治三老農の一人と呼ばれた奈良専二《ならせんじ》にもいえることである。彼らはときには自分や自分の家族を犠牲にしてまで技術開発に専念した。彼らは、その意味では研究者であったといってよい。日本農業は先の時代から一貫して、このような熱心な農家――篤農家――によって支えられてきたともいえるであろう。

「旭」が生まれる一時代前、西日本では「神力」が一世を風靡していた。「神力」は、二一八ページにも書いたように、とにかくよくとれたという。そのおかげもあって土地生産性は次第に向上したが、やはり品質には問題があった。社会は、より品質のよい品種を待ち望んでいたのである。

「旭」の時代は、国や道府県が試験場を設け品種改良に本格的に乗り出したまさにその時期にあたる。しかもこのころから品種改良の主流は交配育種、つまり二つの品種を人工交配させて新しい品種を作る方法に移りつつあった。「旭」には、純系分離でできた「〇〇旭」や「旭〇号」などという品種がどんどん生まれたばかりか、これを片方の親とする品種も次々登場した。次章に詳しく書くが、二〇世紀のスーパースター「コシヒカリ」も、いっぽうの親である「農林二二号」の系譜のなかに、この「旭」が登場する。その意味で「旭」は、現代日本の米品種のひとつの祖であるといってよい。

米騒動

米の生産はこの時代、四七五万トン（一八七九年）から五七九万トン（一八八八年）に増えている。また消費も、一人あたり一一五キログラム（明治初年）から一六八キログラム（大正年間）へと大幅に増えた。消費の増加は生産のそれを上回り、米不足は慢性化していた。対策のひとつは米の輸入で、その量は一九二〇年代には一三五万トンにもなった。それでも米価は制御できず、投機の餌食にさえなっていた。こうした背景のもと、一九一八年夏に「米騒動」が起きた。それまで、そうでなくとも安定さに欠けていた米価が、この年に入って暴騰した。第一次世界大戦の影響で米の輸入が減少したことも、供給の伸び悩みの一因であったといわれる。米騒動は、富山県下新川《しもにいかわ》郡魚津《うおづ》町（現魚津市）で始まった騒動が全国に飛び火したものである。騒動が大きくなるにつれて投機的な買い占めがさらに横行しはじめる。米の価格は文字通り急騰した。時あたかもシベリア出兵が決まったことも米の価格高騰の引き金となったのであろう。その力は日露戦争開戦が米の生産を押し上げたのと同じ力であった。

米騒動の歴史的な評価はいろいろであろう。しかしこうした事件が起きた背景をみると、この時代の日本がいかに米に依存する社会であったかを雄弁に物語っている。そして、富国の政策と強兵の政策とがあいまって、米に対する関心がいやおうなく高まったのがこの時代で、米騒動はそのひとつの象徴ともいえるできごとだった。米騒動自身は、米の価格暴騰に対する一般庶民のレジスタンスではあったが、その背景には米が単に腹を満たすだけのものではなかった事情が隠されている。西洋の文明に追いつき、追い越せという願望、そしてその道筋としての富国強兵策、さらにその道筋を現実のものとする手段としての米。この時代の米に与えられた役割を、こうした構図で読み解くことが必要なのではあるまいか。

もっとも日本はその後、とるべきではない道を選択してしまった。戦争への道を歩んだ日本は、日本国内の人びととアジアの多くの国の人びとを抑圧し、結果として飢えの時代へと導くことになる。一九四五年、日本は戦争に敗れ、人びとが待ち望んだ戦争のないときがやってきた。しかしその後もしばらくの間、飢えからは解放されることがなかった。

洋食の誕生と普及

この時代の日本人の食の大きな変化は「洋食」の誕生と普及であった。「洋食」の普及は牛肉や牛乳の渡来に始まる。渡来といっても、ウシという家畜そのものはいた。ただし彼らは農耕専用で食用になることはなかった。それが一転して牛肉を食べるようになったことには、やはり「富国強兵」の政策が強く関係していた。肉食の奨励のため、明治天皇はみずから牛肉を食べてみせた。明治政府は、肉食を導入するなどして食事を欧風にすることが「列強」の仲間入りに欠かせないと考えたようだ。宮中の公式晩餐会にはフランス料理が取り入れられた。そしてその背景には「日本人の体位向上には、肉食が必要」との外国人教員の指摘があったという(13)。この当時の書物や新聞などには、「滋養」という語が頻出している。

当時の日本人は成人男子でさえ平均身長は一五五センチほどしかなかったといわれる。そこに大人と子どもほども身長差のある人びとがやってきた。政府はその身長差を肉食の有無にあると考えた。一般の人びとも、西洋の社会に対しあこがれを感じたのだろう。それが「脱亜入欧」の思想を生んだのである。しかし同時に、肉食の導入は素直には受け入れられなかった。建て前のうえのこととはいえ、日本社会は一二〇〇年にわたって肉食を制限してきた。法による禁止ならこっそり食するなどの抜け道もあっただろう。そして事実、肉食はそれなりに普及していた。ただし食べられていたのは野生動物だけで家畜は含まれていなかった。それでは、計画的な食肉の提供はできない。こうした状況下で、「肉食をせよ、牛肉を食べよ」といわれて、急にそのようにできるものでもない。食の習慣は保守的で、とくにそれまで食べる習慣がなかった食品を口にすることははばかられるという人も多い。たとえば「昆虫食」など、昆虫を食べる習慣がなかった人には強い抵抗があるだろう。明治の牛肉食でも、これに抵抗を示す人は多かった。だからこそ明治天皇みずからが牛肉を食べてみせたのだともいえる。

そのような日本社会がとった道——それこそが「洋食」の発明であった。それは、いわゆる欧州などの肉食とは異質なものであった。鯖田豊之《さばたとよゆき》がいうように(14)、日本の「肉食」あるいは「洋食」と欧州のそれとは似て非なるものである。牛肉の料理は、醤油と砂糖で調味した「すきやき」となった。やや遅れて普及した豚肉も、「とんかつ」などの料理に工夫された。そしてそれはやがて「かつ丼」という飯のつく丼料理になっていった。あるいはとんかつを「菜」とする「とんかつ定食」のような和食メニューへと進化していった。これなど、まさに一汁三菜の「菜」に、魚に代わって肉が取り入れられたものともいえる。「カレーライス」もまた、肉、ミルクなど洋の要素を取り入れつつ米の飯を中心に据えた和食の一部ととらえることもできる。

明治初期に導入された欧風の食文化は一面では「あこがれ」として、しかし他方一種の蔑《さげす》みを伴って人びとの目に映った。あるいは嫉《そね》みであったといってよいかもしれない。二つの感情が入り混じった、いわば羨望が、この時代のハイブリッド型の日本の食文化を形づくったといってもよい。羨望が、ある場面では西洋の文化を模倣する動きを生み、そして別の場面では西洋文化を取り入れみずからの文化と融合させた新たな雑種文化を生んだということではなかろうか。

第6章　米と稲作、行き場をなくす——米が純粋に食料になった時代

第二次世界大戦の敗戦は、稲作と米食の文化に決定的な変更をもたらした。これまで、貨幣であったり軍事物資であったりした米は、その役割を一気に失ったのである。社会は、それまで米が持っていた精神的な呪縛をまといながらも、米を純粋に食べ物としてみるようになっていった。経済発展と過疎・過密の進行は水田稲作社会の構造を大きく変えてゆく。さらに米が足りるようになると、米は主食としての地位をも失いつつある。一方で、日本の文化の根幹をなした稲作や米食の瓦解に対する不安は、人びとに米ルネサンスの動きをとらせつつある。環境問題の深刻化が、これらの動きを支えるようになってきた。

新しい時代の到来

米不足の解消

日本は一九四五年に戦争に敗れる。米はその瞬間、軍事物資としての役割を失った。ただし米への渇望は一九六〇年代中ごろまで、つまりいまから半世紀前までは続いた。この時代の最初は米不足の時代であった。長期にわたった戦争は農業生産の体力をも弱らせていた。当然、稲作の力も落ちていた。農水省の「作物統計」によると、一九四五年の単位面積（一〇アール）あたりの生産量はなんと二〇八キログラム。その前三年間の平均収量の三分の二にも満たない。終戦の翌年一九四六年には単位面積あたりの収穫は三三六キログラムとV字回復したが、栽培面積がもとの三〇〇万ヘクタールに戻ったのは戦後五年たった一九五〇年のことであった。

この時代は、戦争に出かけていた人びとが戦地から帰還し、結婚ブームと出産ブームが起こり、実質人口が急増した時期でもある。社会も少しずつ落ち着きを取り戻し、消費量は増加した。国民のみんなが米を求めた。米は、いくらあっても足りなかった。日本人が米食悲願民族であることに変わりはなかった。

「米を作れ」の大号令は一九六〇年代ころまで全国津々浦々にまで及んでいた。この時期、官民をあげて行われたひとつの事業があった。それが一九四九年から二〇年間にわたり行われた

「米作日本一表彰事業」である。日経新聞電子版（二〇一四年一〇月二二日）や西尾敏彦《にしおとしひこ》(1)によると、最高収量は一反（約一〇アール）あたり玄米で一トンを超えたという。現在の平均収量が五四〇キログラム程度であるから、そのざっと倍である。まさに驚異的な数値であった。しかも一トン超えの事例は三回（つまり三年）あったという。このような高い生産性はその後二度と達成されることはなかった。この一トン超えという数字をたたき出したのは、それぞれの土地で稲作を続けてきた農家の努力のたまものであった。むろん県などの農業試験場の支援はあったが、農家の執念がなければ達成できる数字ではなかった。

この事業が終了したころから米不足は解消され、その後は米余りが常態化してゆく。日本人はこのときはじめて米食悲願民族から米食民族になったのである。そして皮肉にもそのとたん、米は、行き場を失った。多収穫の技術もまた、封印されてしまった。というよりは失われてしまったのである。おそらくいまでは、この値を達成することはきわめて困難である。その意味では、多収穫の研究はこの時代の時代性を背負っていたものといえるだろう。

この当時、学界もまた多収穫の技術確立のための基礎研究を積極的に進めていた。たとえば松島省三《まつしませいぞう》は施肥の時期と収穫量の関係を丹念に調べ上げ、窒素分をイネの開花のひと月ほど前の時期に減らし生育前期と後期には増やすことで最大の収穫が得られるという「V字型稲作理論」を打ち立てた。この研究は、イネの収量を、株あたりの籾の数と籾一粒あたりの充実の具合とに分けて考える「収量構成要素」の考えに基づく、当時の「作物学」の研究成果の集大成であった。もっとも、この理論による稲作は、「うまい米」作りには貢献しない。その意味では、米余りになり、生産量の拡大が表に出ないいまの時代には歓迎されるものではない。

また、第4章で触れた角田重三郎らのグループによるイネの背丈を低くすることが収量増に貢献するという理論も、この時代に生まれた研究の成果であった。肥料分、とくに窒素成分がふんだんに提供できる環境下での多収穫理論は、いまでは、注目を集めることはない。けれども、角田らの研究は、近い将来稲作の持続可能性が大きな問題になったとき、その解決策を模索するのに注目を集めることになるだろうとわたしはひそかに期待する。いまではすっかり日の目をみなくなったこれらの研究は、日本の農学研究史上の不朽の名作と評価することができよう。

翻っていまの農学研究は、多収穫のためというよりは学界の論理に基づいて動いているように思える。建て前のうえでは多収穫、収穫の安定性が語られることはあっても、実際は、研究者としての理屈、つまり論文をいくつ発表したか、それによって他の研究者の関心をどれほど呼んだかが関心の対象である。高い評価を与えられる論文が、現実に多収穫を実現するためのものとは限らない。「農学栄えて農業滅ぶ」という言葉は、こうした現状を揶揄《やゆ》したものと思われる。

戦後の米の生産高を高めてきた要因のひとつに、米生産の場、「田んぼ」の構造や機能を根本的に作り替えるいわゆる「農業構造改善事業」がある。国をあげて行った事業で、農業用水のための設備を増やすこと、土壌の改良を行うこと、区画整備をしたり農道を作ったりすること、などが織り込まれていた。極論すれば水田は「米と魚」の舞台から、米だけの舞台へと変質させられたともいえる。本書でも随所に述べたように、稲作の世界では、水まわりの改良が生産を大きく左右してきた。そして、この時代でも、この原則が変わることはなかった。水は、あればよいというものではない。必要時に必要量の水が確保できるならば、それ以外の時期には田に水が溜まっている必要はない。つまり、水を供給する用水と、余計な水を排出する排水とが必要になる。用排水路の整備が急務であった。しかし常に水の存在を必要とする魚などの水生生物にとってそれは死活問題である。多くの水生の生物が失われ、稲作環境の生物多様性は大きく減退することになる。

日本列島には、厳密な意味での平地はごく少ない。多くの水田が、ゆるやかな傾斜地に展開してきた。水田を隣の水田と隔てる畦は等高線に沿い、したがって田は狭く複雑な形をしていた。こうした田地には機械は入らず、農作業の効率が上がらない。この状況を改善するため、大規模な工事を行って土地をならし、四角く大きな水田の区画を作ったり畦道を整備したりして大型機械が入れるように改良が加えられた。

この事業は小学校の社会科の副読本にも取り上げられた。ある地域で田んぼの区画整理の話が持ち上がる。しかし、年寄りが頑強に反対する。先祖伝来の土地を壊すのは困る、自分の田には愛着があるのにそれが壊されるのは耐えがたいなどなどの理由で。だが、若者たちの熱心な説得や隣村の事業の成功をみて老人たちも最後には区画整理に同意し、田はきれいに生まれ変わるといった筋書きであった。社会はこぞってこの事業の後押しをしていたのである。

水田を増やす事業はほかにもあった。八郎潟や児島湾の干拓に代表される国営事業などがそれである。八郎潟にせよ児島湾にせよ、干拓の事業自体は江戸時代ころから進められていた。施工の単位は、個人（おそらくは豪商など）や藩ないしは県であった。それに対して、ここで取り上げた干拓事業は国営の事業である。これらの干拓事業は米が軍需物資であった時代の名残りということができる。

干拓事業を含む構造改善の事業は、いわば、日本人を米食民族にすることを狙って行われた国家事業の集大成であったといってよい。言い換えればそれは「米を食いたい」という国民の悲願を達成するためのものとみることもできる。とくに第二次世界大戦直後の日本には、その思いを強く持つ人びとが多くいたことだろう。米を作りながら満足にそれを食えなかった人びとがいた「貨幣の時代」「軍需物資の時代」には決して達成されなかった「誰もが白い米を腹いっぱい食える時代」を実現しようという事業であった。

多収穫のためには、肥料を多用した際に収穫の上がる、いわゆる「多肥多収品種」を導入する必要がある。これは、前章の時代から政府、技術者の間に一貫して流れ続けてきた考えであった。とくに穂数型の品種の導入は急務とされた。国や県をあげて多肥多収の品種が育成された。育成された品種は、直ちに農家のもとで栽培されなければならなかった。

けれども、育成品種がいつも歓迎されたわけではない。農家のなかには、育成品種を受け入れず、昔からの在来品種を栽培し続けたところもあった。わたしは一九八〇年代のはじめごろ、各地の在来品種を細々と集めていた。水田地帯を車で走り回り、毛色の違ったイネをみつけるとその農家を探す。そしてインタビューのうえ、穂を一本もらい受ける。近くに誰もいないときは竹の棒の先に手紙をつけてそれを田にさしておく。切手を貼った返信用封筒を手紙につけておいたところ、一穂送ってくださった農家が何軒もあった。

在来品種を植え続けていた理由はいろいろである。

「初孫が生まれるので祝いの餅を搗くが、そのときの品種は祖父の代からのものを使う」

「(籾の黒い品種を指して)この品種はスズメ除《よ》けになるので、田のまわりにこれを植えておく」

「田の水口は水が冷たくイネが育たないが、『冷や水』という品種は水口に植えても収穫が得られる」

などなどである。

品種名を尋ねてもいろいろで、なかには祖父の代からのもので品種名は聞いていない、などというものもあった。流通を目的に栽培していないわけだから、それでもよかったのであろう。

当初、わたしは府県の農業改良普及所に連絡を取って在来品種を集めようとした。けれどもこれは有効な方法ではなかった。いくつかの普及所では担当者は、明らかに迷惑そうな顔をして、「在来品種など、うちの管轄にはありませんよ」と言った。あとで気がついたのだが、普及所としては在来品種を残しておくのは職務に熱心ではないということになる。仮にその存在に気づいたとしても、部外者に積極的に教えたりはしなかった。わたしは自力で探すしかなかった。といっても、やみくもに車を走らせたところで在来品種などみつかるはずもない。だが、探しているうちにだんだんコツのようなものがつかめてくる。在来品種は、谷あいの小さな棚田など、自家飯米を作っているような田でみつかった。あるいは、大都市郊外の、点在する新興住宅に囲まれたような田にもみつかることがあった。いずれも、政策上、増産の計画からは見放されたような場所である。在来品種は、増産計画の隙間のような小さな区画にかろうじて生き延びていた。そして、米余り時代の到来とともに、そうした小さな区画もろとも消えてゆく。

米食悲願民族、粉食民族になる

米不足、米増産の掛け声の陰で、しかし、水面下では大きな構造変化が着実に歩みを進めていた。ひとつは米国から支援の名目で大量に持ち込まれてきた小麦粉とそれによるパン食の普及である。とくに学校給食でのパンと脱脂粉乳の普及は、その後の日本人の食生活に大きな影響を与えたものと思われる。「パンとミルク」というパッケージがこのとき、日本でできたともいえる。それにしてもなぜパン食がこれほど急激に増加したのか。前章の時代のはじまりのころ、つまり欧州から西洋料理が大量に持ち込まれたときの社会の反応を思い出してもらいたい。そのとき社会は、一面では強い拒否を示しつつ、もう一面では羨望のまなざしを向けたのである。敗戦がもたらした西欧文化の流入も、そのときと同じ拒絶と羨望をもたらした。違っていたのは、当時の拒絶と羨望の対象が欧州であったのに対して、このときの対象が米国であった点であろうか。パンとミルクのパッケージもまた、この、米国への「羨望」が招いた新たな食文化であった。なお、米国社会に対する羨望は「戦後七〇年」を経たいまも日本社会に残る精神構造である。日本社会の慣習を正そうとするときに「アメリカでは〜」という言い回しがいまなお使われているが、これなど典型的な例であろう。

しかし、欧米への羨望だけがこれほどの米離れをもたらしたわけではない。敗戦から四半世紀を経た一九七〇年代以降も、米離れは「順調に」進行しているからである。おそらくは食生活の面での「時短」、あるいは省力化が関係している。核家族化の進行と、それに伴って起きた家庭内での家事労働時間の短縮が、パン食の普及を後押しした。米食は調理に家庭内労働を必要とするのに、パン食は「中食」の性格を帯びている。つまりそれは食の外部化の普及にもつながってゆく。総務省の家計調査によるとパンの消費が多い京都市では、一人あたりの消費量は五八キログラムにも及ぶ（二〇一五〜二〇一七年度平均）。いっぽう米の消費量は六四キログラムあまり。京都市では、パン食と米食は拮抗《きっこう》しているのである。さらに京都市に限らず近畿の主要都市ではパンの消費量が米の消費量に肉薄してきている。

米離れをもたらした理由はまだある。パン食の普及に伴って起きた洋食の普及である。ただしこの時代の「洋食」と先の時代、つまり「富国強兵」の時代にも起きたそれとは趣きがずいぶん違っている。その時代の洋食は、いわゆる和洋折衷の洋食である。それは米食と合うように姿を変えたもの、むしろ米食文化に合う洋食であった。いっぽうこの時代の洋食はパン食に伴って普及したそれである。パンは、米と置き換えることのできる代替食としての性格を帯びていた。洋食店ではいまでも「パンにしますか、ライスにしますか」と聞かれることがあるが、そのためもあってか、日本ではいまなお、日本の主食は米、「欧米」のそれはパンと思っている人が大勢いる。

ラーメン、パスタなどコムギの麺の消費拡大も関係していよう。それらは粉食文化への回帰でもある。ラーメンとパスタとは、一方は中華、他方はイタリアンと区別して考えられてはいるが、ともにコムギの麺である（ただし、パスタの主原料はパンコムギではなく、マカロニコムギと呼ばれる四倍体コムギの一種）。コムギの麺は、七〇年代以降に登場した一種の社会現象でもある「B級グルメ」の波に乗り、焼きそばなどの隆盛を巻き込みながら消費を大きく伸ばしてきた。結果として、コムギの消費拡大が米の消費を減退させたものと考えられる。

失われた祀り

敗戦により、日本社会はひとつ大きなものを失った。「カミ」の信仰である。カミとカタカナで書いたのは、「神」、つまりゴッドと区別するためである。ユダヤ教など一神教では、ただ一人の神が存在し、信仰の対象となる。いっぽうカミとはいわば神羅万象そのものであり、その数は無数に近い。「カミガミ」あるいは「八百万《やおよろず》のカミ」と形容されるゆえんである。

「自然改造の時代」には、これらのカミガミのいくつかはそれぞれの氏族、あるいは人びとの社会ごとにまとめられ、体系化された。カミの頂点に立ったのはアマテラス（天照大神）であったが、それぞれの氏族のカミたちもまた、序列化されつつも存在を許された。一神教のように排除されることはなかった。人びとも、身の回りのさまざまなものにカミガミを感じていた。これが影響したと思われるのが外来宗教であった仏教の本覚思想、つまり「草木国土悉皆成仏」の考え方であった。この思想の誕生は「稲作民営化」の時代の後半、つまり武士の時代のことであったが、一般の人びとにとっては、カミガミと仏は、それほど異質なものではなかった。むしろ両者は、「神も仏もない」「神仏に祈る」などの語が示すように、一体としてとらえられてきたのである。

カミガミへの祈りは、祀《まつ》りという形で表現されてきた。荒ぶるカミをしずめ、カミガミがもたらす豊穣に感謝するために、あるいは病気の平癒を祈るため、またときには他者を呪《のろ》うために、人びとはカミガミに祈った。祈りは定式化され、また方式を整備した祭祀、まつりとなった。

けれども一九四五年の敗戦は、日本社会からカミガミをも奪ってしまった。カミガミは日常から遠ざけられた。いな、カミガミとその信仰は、非科学的なもの、前近代的なものとして学校でも教えられなくなった。祀りは次第に形骸化し、いまでは「祭り」として、楽しみの場、遊興の場、観光の場と化している。祀りと祭りの違いは、端的にいえば、捧げる、提供するのと、貰《もら》う、享受するとの違いである。祭りの一体感がいわれることがあるが、一体感は捧げるところに生まれる気持ちであって何かを求めてやってくる観光客（よそもの）がいくら増えたところで祀りの精神性は復活しない。

カミガミを信仰するわれわれにとって、キリスト教の神はカミガミのひとつにみえる。しかしキリスト教の神への信仰心はカミガミの存在を認めることは決してない。

それでも、一九八〇年代くらいまでは、東京など都会で暮らす人びとが盆暮れに帰省し、故郷の祀りに参加してみずからのアイデンティティーを確かめる習慣は残されていた。しかし都会人の多くが都会生まれの人びとで占められるようになると、心のよりどころとしての故郷は消滅した。帰省は観光化した。初詣も、みずからのカミガミのよりどころではなく、何百万という人びとが参る神社仏閣を訪れる一種の観光行事化している。カミガミのよりどころであった神社のいくつかは「パワースポット」にされ、「元気をもらいたい」若者たちであふれかえっている。これまで捧げる場であった「よりどころ」は何かをもらう場になってしまった。それでもカミガミは怒らない。カミガミは寛容でおられる。

余計なことをあれこれ書いてしまった。ところで「祀り」の場では食物が捧げられる。カミガミに捧げる供物を神饌《しんせん》という。何を供えるかは神社によりいろいろで、これといった決まりはないようだが、ゆるい決まりごとのようなものはある。まず白いこと、強いにおいのないことなどがそれである。古い神社などにはご神田がおかれて、稲作やそれにまつわる祭祀、たとえば田植え、稲刈りなどの農作業を古い形をとどめながら実践している。そしてそれにまつわる行事も、昔からの伝統で続けられてきた。収穫物はカミガミと人との共有物であった。それらはまずカミガミにまつられた。それが神饌である。先にあげた神崎さんによれば、神饌の基本形は「米、餅、酒」にある。

神饌はどれも、においがなく、また「白」い。ここでいう「白」は「ホワイト」の意味での白ではない。ここでの「白」は、潔白の白、汚れなきもの、あるいは何ものにも影響されていないという意味での「白」である。潔白、犯人ではないという意味での「シロ」、あるいは「空白」「純粋」の意味を持つ。白米の白もまた、ホワイトであるとともに汚れなき米という意味であろう。だから、米は研がれたのである（一四一ページ）。餅は、モチ米を蒸して搗き、鏡餅の形に丸めて供される。むろん餅もまた、米の産物である。そして酒も、米の酒が供される。

酒を醸す行為は神事であった。いずれにせよ、米、餅、酒というもっとも核心的な三つの神饌はすべて米の産物なのだ。だが、祀りが祭りとなり、神事が祭事へと、さらに催事へと姿を変えてゆくにつれて、米が特殊な食べ物であるとの認識もまた薄れていった。

米が神饌になったのは白いから、あるいはにおいがないからだけではない。ここまでにみてきたように、米は、いろいろな意味あいで日本の社会を支えてきた。あるときは国作りの礎として、そしてあるときは軍事物資として、そしてまたあるときは貨幣として。そして何より、米には稲魂《いなだま》が宿ると考えられてきた。いまの日本社会における稲作や米の位置づけは、これら米や稲作のありようの積分値である。そして、この米の積分値がいまの米の位置を決めているのである。

近代合理主義と稲作文化・米食文化

敗戦がもたらしたカミガミの喪失により心に空いた穴を埋めたのが、西欧の近代合理主義であった。これは一面では人類の生活を豊かにしたが、反面弊害も指摘される。というのも、近代合理主義では科学的であること（つまり再現可能な客観的事実として多くの人に認められること）が強調されるあまり、あらゆる事象を因果関係で説明しようとする因果論（五九ページ）や要素還元主義的な思考ばかりが先に立つようになったことがあげられるからである。科学的であることの大切さを否定するのではもちろんないが、証明できないことや、あるいは人文学の研究成果のような再現性のない事象を切って捨ててしまうのはどうだろうか。最近では、何を食べてもその食材の栄養価ばかりが語られる風潮が強いが、これなどまさに要素還元主義の悪しき側面といってよいだろう。食品の機能性なども、健康の増進や疾病予防には重要な要素のひとつではあるが、だからといって「好み」「色合い」「記念日」など再現不可能な要素が軽んじられてよいわけはない。

米についていえば、米を糖質としてのみとらえてしまうと、茶碗一杯が何キロカロリーであるとか、またはGI値がいくらであるなどのみに注目が集まってきた。そこに「糖質制限ダイエット」などの風潮が加わることで米の消費減退が進んだ面が否めない。

稲作についても同じで、稲作の経済性、あるいは生産性だけが話題になり、農業法人化、IoTの導入などだけが関心を集め、水田の多面的な機能やなかでも景観、心象、文化伝承などの側面は忘れられてしまう。多面的機能にしても、経済効果に換算しないと納得しない風潮は、近代合理主義のまさに悪しき側面であるといえる。

稲作文化と米食文化のいま

棚田の復権とは

「持続可能性」という語が市民権を得るようになった二〇世紀の終盤になって、水田が持つさまざまな機能にようやく注目が集まるようになった。それまでなら、作業の効率が悪い、維持が大変だ、生産性があがらないなどの理由で敬遠されてきた山間《やまあい》の田のようなところが、少しずつではあるが、注目を集めるようになりつつある。次に述べる棚田もまたそのひとつである。

山の斜面に、等高線に沿って猫の額ばかりの田を何枚も作る。それはいやおうなく狭く、細長い田になる。これが棚田である。田の面積を大きくしようと思えば上下の田との間の垂直落差が大きくなる。上の田との間に切り立った壁の維持がますます大変になる。ここでイネを作るのは、じつは大変な労働を要する。ただ見ていればよいだけの都会人にはわからない労苦がそこにはある。いったい、人間はなぜそのような土地でイネを作り続けたのか。その理由は必ずしも明らかではないが、稲作社会はそこまでしてイネを作ろうとしてきた。米も食べたかったが、同時にイネを作り米を食べる社会の一員となりたかったからではあるまいか。しかし、米の生産だけを考えれば棚田など無用の長物としかみえない。多くの棚田は、じじつ、放棄されていった。ところが、その棚田は、いまにわかに脚光を浴びつつある。一九九九年に農水省が選定した「棚田百選」に選ばれたものを中心に、全国の棚田には多くの人びとが訪れ、ちょっとした観光ブームにもなっている。

わたしは、個人的には島根県仁多《にた》郡奥出雲町《おくいずもちょう》大原の棚田に特別の感慨を抱く。奥出雲付近の中国山地は風化した花崗岩《かこうがん》でできた土地が多く、したがって山崩れなどの自然災害が多い。反面こうした土地は削るにたやすい。奥出雲町一帯ではわざわざ山を崩してその土砂を水とともに流し（鉄穴流《かんななが》しといわれる）、流路の底に溜まった砂鉄をとってたたら製鉄を行った。出雲地方が出雲神話を生み古くから西日本の政治、文化、経済の中心であったのは、ひとえにこの製鉄技術のおかげという人もいる。そればかりではない。大量の土砂は斐伊川《ひいかわ》を流れ下り、それはときに洪水という大きな厄災をまき散らしながら短い間に出雲平野を形成した。この平野が米どころとなり、また宍道湖《しんじこ》や中海《なかうみ》を形成して豊かな水産資源をもたらしたからである。森

6―1　日本の棚田　（上）島根県仁多郡奥出雲町の大原新田、（下）長崎県東彼杵郡波佐見町の鬼木の棚田（上写真・奥出雲町）

6—2　世界の棚田　（上）フィリピン、イフガオ県のバナウェ棚田、（下）中国雲南省元陽県の老虎嘴棚田

と海は、このようにしてつながっているのである。こうした歴史を思うとき、この棚田を作り上げた人びとの一〇〇〇年を超えるかもしれない執念のようなものを感じざるにはおられない。

棚田の景観は、日本だけのものではない。世界には棚田で著名な土地がいくつもある。上の写真にはそれらのうち二点を載せておいた。それぞれに味わいがあるが、どこにも共通しているのが今後維持に相当の困難が予想される点だ。どの地方でも、棚田を維持する後継者不足が顕在化してきている。棚田は、人間の手なくして維持できない。なにしろ急斜面に展開した構造物のこと。しかも基本は土でできているもの。さらに多量の水を貯《たくわ》える装置である。ちょっとしたことで盛土が崩れ、水が漏れだす。放置すれば斜面崩壊が起きかねない。

研究者のなかにはよく、棚田の写真を持ち出して「水田の持続可能性」の証拠だという人がいる。棚田の維持が地球環境にやさしいという主張だろう。それはそのとおりだが、しかしそれは、棚田を維持する人びとの裏方の努力を知らない発言である。棚田の持続可能性を担保してきたのはそこに住まう人びとの思いである。棚田そのものはいつ崩壊してもおかしくない脆《もろ》いものなのである。傾斜が急で維持が困難な棚田ほど見ていて美しさを感じるのは、そこにある「努力の結晶」が透けてみえるからである。

「となりのトトロ」と田んぼアート――芸術作品のモチーフ

里山の景観機能がいわれだしたころから、水田景観は芸術の対象になりはじめた。風土や環境の歴史に深い造詣を持つことでも知られる宮崎駿《みやざきはやお》のアニメ映画『となりのトトロ』には、南関東の平野部の照葉樹の森と水田が織りなす舞台で展開される父と娘たちの物語が描かれている。当時のアニメ作品としてはやや異例の、幅広い年齢層から支持されたその理由のひとつが、その照葉樹林と水田の風景の描写にあったことは間違いないと思われる。一九六〇～七〇年代ころに田んぼのある景観のなかで育った世代には、『となりのトトロ』に描き出された梅雨のころの田植え直後の景観、夏の盛りのころの「緑のじゅうたん」のような景観、夏の終わりの田が少し黄色く色づきだしたころの景観、それらがちょうど子どものころの思い出に重なるからでもある。

6—3　歌川広重『六十余州名所図会』「伯耆　大野大山遠望」（国立国会図書館蔵）

水田の景観をモチーフに作品を作った芸術家はほかにもいる。歌川広重《うたがわひろしげ》の『六十余州名所図会』にある「伯耆　大野大山遠望」には村人が一斉に田植えする様子が描かれている。六月の梅雨のころの景観を描いたものであろう。

田んぼを芸術にするのは現代も同じである。最近人気を博しているのが「田んぼアート」。はじまりは青森県南津軽郡田舎館村《いなかだてむら》である。当時の村長さんが遊び心をお持ちの方で、村役場庁舎に天守閣を設けた。当然、村人からは批判も出た。だが、村長はめげなかった。批判を逆手にとって天守閣を村人に公開した。さらに天守閣からよくみえる村役場のそばの田に、さまざまな葉色の品種をうまく植えて絵を描いたのである。これがあたった。田んぼアートは話題を呼び、これ目当ての観光客が村に来るようになった。

田んぼに描いた絵が人を呼ぶ——このようなおいしい話を人が放っておくはずがない。あとに続く自治体や団体が次々現れ、いまでは全国二九箇所以上でこの田んぼアートが展開されているという。そして二〇一二年からはこれら田んぼアートを展開する自治体が集まって「全国

6—4　田んぼアート「風神雷神図」 2006年（写真・田舎館村）

田んぼアートサミット」が開かれるまでになった。

田んぼアートを支えるのは若い世代である。色の種類には限りがあるが、何を描いてもかまわない。どのような絵を描くかは描く人のセンスによる。だがそれだけではない。遠くのものは小さく、近くのものは大きくみえる。だから、「ここ」という場所からみたときに美しい絵になるよう、色の異なる苗を配置しなければならない。いくら元絵がよくても、きちんとした計算がないとみる人の心をひきつける絵にはならない。背景の景色も大事だ。ということで、田んぼアートには総合プロデュースの力が要る。

芸術と書いたが、もうひとつ、面白い田んぼのアートを提起しよう。それが、収穫後のイネを干しておく「はさ（はざとも。稲架）」と呼ばれるしかけである。いまでは稲刈りとその後の脱穀（籾を穂から外す作業）とが機械で一緒に行われる。わらは切り刻まれて田に播き散らされる。しかしかつては、稲刈りが済むと、干して乾燥したのち、籾を外す脱穀の作業が行われた。わらの部分は米を詰める米俵《こめだわら》や縄《なわ》などさまざまなものに加工された。変わったところでは、納豆を包む「藁苞《わらづと》」にもまた、稲わらが使われた。そしてこのイネを干す作業が「はさかけ」だった。

この稲架の名称や形は地域によってさまざまである。「はさ」と呼んだり、あるいはなまって「はざ」と呼んだりもする。多くは、木や竹を組んだ足に竹の棒を渡し、そこに根元を縛ったイネを逆さにして干す。北陸などでは、畦際に植えた木の枝に三段にも四段にも竹を渡してイネを干すこともある。東北地方などには穂仁王《ほんにょ》といわれる名称もある。まず柱を一本垂直に立て、その柱に株元をひっかけるように、上からみれば放射状に、イネを積んでゆく。積み上がった稲束が、遠くからは仁王様が棒立ちになっている姿にもみえるので、それでこの名があるのだろうか。

じつは、イネの積み方にはいろいろな形や名称があるらしい。日本列島中の稲架を調べた人がいる。写真家の藤田洋三《ふじたようぞう》さんである。稲架を藁塚と呼んだ。その『藁塚放浪記』(2)は、日本中の稲架のフィールドワークの成果でもある。これをみると、稲架の形態や名称には明確な地理的な偏りはみられない。各地に、文字通りいろいろな稲架がみられる。しいていえば、「わら」「にょ」の二文字を含む名称が多いといえるかもしれない。「にょ」の語源は、おそらくは「仁王」なのではないかと思う。

いままでにはなかった新しい形の稲架を考案する人も現れた。福島県会津に在住の土屋直史《つちやなおし》さんは、口絵写真のような稲架を考案している。骨組みも工事現場で使う鉄パイプで、イネを乾燥させるためというよりは芸術作品そのもののようにもみえるが、今後はこうしたジャンルが確立されるかもしれない。

米食文化のいま

一九九五年の法律改正により、米の販売価格が自由化された。これによってイネの品種はあらためて米の品種になった。米を食べる人が「品種」というものに目覚める結果を生んだのだ。おそらくそれは米食文化史上、はじめてのことであった。これが、コシヒカリブームを呼んだ。しかしブームは、コシヒカリの偽ものが横行する「偽コシ」問題などの負の面も生んだ。そしていま、生産と消費が減退するなか、さまざまな「ご当地品種」が登場。都道府県が正面にたって推進している日本の米はいろいろな意味で「ポスト・コシヒカリ時代」を迎えつつある。

ポスト・コシヒカリ時代の到来を受けて各地方で新品種の育成が続けられてきた。さらに、消費者も少しずつ学習して、何が何でもコシヒカリとはいわなくなりつつある。ここ二〇年あまり、米どころでは、県をあげた新品種の育成が進み、知事らがトップセールスでその売り込みを図る力の入れようである。なかでも北海道は、一九八九年に登場した「きらら397」に続き、「ほしのゆめ」「ゆめぴりか」「ななつぼし」と、力のある品種が次々登場した。これまで、北海道の品種は粘りに欠け、東京や関西地方では他品種とは勝負にならないとまでいわれてきた。米の粘りはアミロースという粘りの弱いでんぷんとアミロペクチンという粘りの強いでんぷんの割合で決まる。どちらもそれらを合成する遺伝子の働きで決まるが、気温が低いとアミロースを合成する遺伝子の働きが相対的に強まる。そのため、開花後登熟期の気温が下がる北海道ではどうしても米の粘りが弱くなるというわけだ。このこともあって、最近北海道で育成された品種は、もし本州で栽培すればより粘りが強く出るように設計されている、というのである。

北海道には、もうひとつ思惑があるという。地球温暖化がいわれて久しいが、国際的な検討会議でも、世界の気温は今後も上がるだろうと懸念が広がっている。すると、いまはまだ寒くて稲作ができない十勝《とかち》平野あたりが将来大稲作地帯になる可能性も十分にある。そうなったときのための新品種や栽培技術の開発が進められているというのである。一三ページにも書いたように、イネの品種は栽培される緯度ごとに違ってくる。イネの開花期が緯度に応じて異なる日長時間（昼間の長さ）によって変わってくるためだ。気温なのではない。日長なのだ。日長時間は温暖化しようが寒冷化しようが、それによって変わることはない。だから、気候がどのように変わろうと、十勝平野での栽培に合う品種はそれとして新たに育成する必要がある。コシヒカリをそのまま持ってゆくというわけにはゆかないのである。

巨星が去ったあとには群雄割拠の時代が来るのはどの世界も同じである。米の世界では、ポスト・コシヒカリの時代は品種多様化の時代になりそうである。それも、各道府県が「ご当地

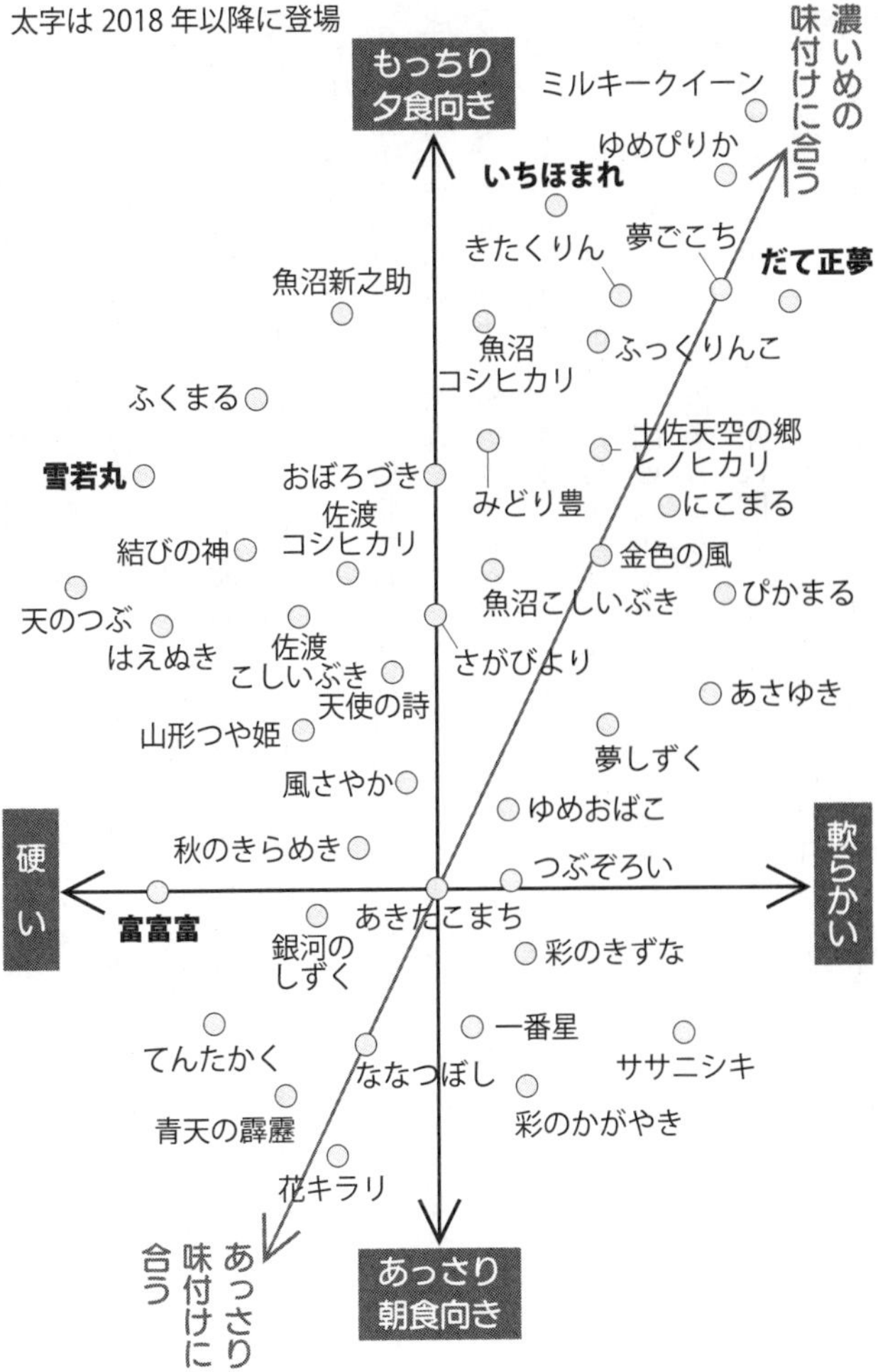

6—5　米の食味チャート（作成・西島豊造）

米」として、こぞって新品種を出しはじめたのだ。米の品種は地方の時代を迎えつつある。

そのきっかけとなったのが山形県の「つや姫」であろう（二〇〇八年に採用）。県では、県知事みずからが売り込みをかけるトップセールスを展開し、県外にも販路を広げている。そしてその売りのひとつが、たとえば夏の暑さに強いなど、地球温暖化をはじめとする環境問題に目を向けている点である。加えてご当地品種は、それぞれちがった食感をもって売り込みをかけている。各県とも工夫を凝らし、軟らかさ、もちもち感などについてさまざまな食感の品種を育成してきたのである。

「五つ星お米マイスター」の資格を持つ西島豊造《にしじまとよぞう》さんは、これらご当地品種を、その軟らかさともちもち感に注目して整理を試みた。西島さんの図を簡略化したのが二六五ページの図6—5である。これだけの点数の米を食べてみるのは一般にはなかなかできることではないが、おかずに合わせて、あるいは季節や行事に応じて、米の種類を替えてみるのもよいだろう。

なお、図には同じ品種ながら生産地の異なる米が含まれる。たとえばコシヒカリについても、佐渡《さど》産と魚沼《うおぬま》産があって、図のなかでその位置が結構離れている。米は、品種だけでなく産地が変わればその食味が変化することがわかる。

このようにご当地米は食味に関して多様であるが、いっぽうそれらの来歴に関していえばどれも似通っている。というのも、ほとんどのご当地品種はその系譜中にコシヒカリを持っている。その意味では、これらは「コシヒカリファミリー」に属することに変わりがない。

料理の革命——炊飯器の登場

高度成長期の日本は、社会のしくみや家族のあり方に限らず、食に関しても激動の時期であった。家庭での調理が減り、外食、中食などを含む「食の外部化」が進んでゆく。わが家で飯を炊くという日本の食の根本までがゆらぎはじめる。それまでの主力は、竈《かまど》と羽釜を使う炊飯であった。だが、核家族化が進み、都市への人口流入が進み、公団住宅などの住居が増えたことで、規格化された台所が登場するようになった。標準的な台所では、火床は二つである。そしてそのひとつを炊飯が占めたのでは調理の機能は大きく低下する。そこで炊飯器が大ブレイクするようになったのだと阿古真理《あこまり》は書いている(3)。

このとき日本社会は、革命的な調理器具を発明する。それが自動炊飯器である。電気炊飯器を最初に発明したのは日本陸軍である。しかし本格的に使われるようになったのは一九五五年のこと。東芝がはじめて家庭用の炊飯器を開発して世に出した。つまりはじめての自動炊飯器は電気式だったのである。二年遅れて今度はガスメーカーがガス炊飯器の販売を始める。山下《やました》満智子《まちこ》さんによると、当初、電気炊飯器は火力が弱く、うまく米を炊くことができないと不評で、ガス釜に軍配があがったが、ＩＨが普及しはじめると次第に形勢は逆転していったという。火力の問題が解消すれば、電気のほうが細かな制御が可能である。

最近の電気炊飯器は、究極の進化を遂げたとまでいわれている。炊く米の品種や、あるいは副食に応じた水加減ができるようになっていたりもするようだ。また、炊き込みご飯用、すし飯用などの選択肢もあって、至れり尽くせりの感がある。

しかしここにきて状況はさらに変わってきているようにわたしには思われる。とくに東日本大震災以降、電気に対する人びとの考えは微妙に変化しつつある。それまでのクリーンで安定的なエネルギーという見方から、原子力利用をどう考えるか、大規模災害時の停電をどうしのぐかといった懸念を抱き、電気への過剰な依存を抜け出そうという人が増えてきている。ガスも都市ガスは止まることが懸念されるから、ガス釜もまた電気釜と同じく非常用には使えないだろう。大規模災害へのひとつの備えとして、カセットコンロの利用があげられている。これに対応して、厚手の鍋を使って米を炊いてみるのもよい。最近は土鍋も人気といわれる。それほど肉厚でなくとも熱容量が十分大きく、少量の米でもうまく炊ける。

いっぽう、米の消費量全体の低下に伴い、また単身世帯の増加により、少量の米をいかにうまく炊くかがこれからの課題である。現代日本人にとって、まず自宅で炊飯する率は大きく減った。また一回あたりの炊飯量も確実に減ってきている。それでも炊いた飯は余り、長時間にわたって保温したり、あるいはいったん冷凍した飯を電子レンジで加熱調理したりして食べるのがごくあたりまえになってきている。米のうまさは炊きたてと、おいてからでは変わる。いや、半日も一日も保温した飯を食べるというのに、そこまでの品質を求めるところに、日本社会の米への思い入れの強さが表れているとみることもできよう。

度量衡の伝統

石高の語源となった「石」は、おおむね成人男子が一年間に食べる米の量に一致しているといわれる。あるいは、一日三食の時代には年間の食事の回数はおおむね一〇〇〇回（一〇九五回）なので、一石の米は一食あたりその一〇〇〇分の一の一合にあたる。一合が単位とみることもできるだろう。ちなみに、一合の一〇倍が一升、一升の一〇倍が一斗、そして一〇斗が一石であることは覚えておいてよい。なお、昔の米俵は四斗入り、また、農家が米を出荷するときの米袋は半分の二斗入りになっている。

料理の世界では、計量カップ（一八〇ミリリットルと二〇〇ミリリットルがある）や大さじ、小さじといういい方が広く使われているので、実質的にはこれらが度量衡の役割を果たしている。これらを変えるには長い時間と大義名分が必要であるが、問題もある。

ひとつは尺貫法とメートル法の混用である。米の業界では、生産段階から流通段階ではメートル法の重量尺度（キログラム）が使われているのに、消費の段階（炊飯器や計量カップ）はいまだに尺貫法の容積尺度が使われ、メートル法の容積尺度（リットル、立方メートル）がほとんど通用していない。消費者が米を買うとき、多くはメートル法の重量単位が使われている。最近のスーパーなどでは米は二キログラム、五キログラムなどの単位で売られている。ところが炊飯のときには尺貫法の容積単位である升、合が使われる。あいにくと、キログラムと升の換算には端数ができる。一升は約一・五キログラムと比較的覚えやすいが、一キログラムの米は〇・六六七升、つまり六合六勺《しゃく》七抄《しょう》ほどと、換算は面倒である。さらにややこしいことに、キログラム単位で買った米を合の単位で計ってゆくと端数が出てしまう。たとえば米を二キログラム買って二合ずつ炊けば六回炊けて二〇〇グラム余ってしまう。

　農業関係者の間では、面積を表す単位として町《ちょう》、反《たん》、畝《せ》の単位がいまも使われる。こちらも尺貫法であるが、幸いにも一町歩《いっちょうぶ》＝〇・九九二ヘクタールとほぼ一ヘクタールなのでおおまかには単位の読み替えで済む。面積の尺貫法もまたしばらくは残るだろうが、こうしたこともあってか、日々の暮らしのなかでは面積尺度はメートル法に統一されてゆきそうである。最近まで、住宅の敷地面積は坪（約三・三平方メートル。一反の三〇〇分の一）で表されていたが、いまでは平方メートルで表されることが多くなってきている。住宅の部屋の広さも、以前は畳《たたみ》の枚数で、何畳《じょう》という数字で表現していたが、最近はこれも平方メートル単位で、あるいは何畳相当という言い方に変わってきている。ちなみに畳一畳の面積は、おおむね一坪の半分、そして一坪は一辺が一間《いっけん》（約一・八メートル）の正方形の面積をいう。尺貫法はその固有の度量衡のシステムをなしていたのである。

　このように、米食や稲作の世界では、いまだに尺貫法に基づく秤量《ひょうりょう》や表記が生きている。それはある意味、日本の米食文化、稲作文化の伝統そのものともいえる。しかし、そのことはそのこととして、やはりメートル法への移行は進んでゆくだろうと思われる。わたしは、これからは炊飯器の目盛りも合単位からグラム単位に切り替えてゆくのがよいだろうと考えている。そうすれば、一合では少ないが二合では多すぎる、というようなときに二〇〇グラムという選択も可能になるし、調理全体がやりやすくなるだろうと期待される。

第7章　未来へ「米と魚」への回帰を

六つの時代の米と稲作

米と稲作はどの時代にも社会のなかで何らかの役割を与えられてきた。次の時代の米食と稲作は、前の時代までの蓄積のうえに成り立ってきた。食料としての重要性はいうまでもないが、国土を作り、制度を整備し、芸術や文化を高め、技術を発達させるなど、日本を作るうえでも欠かせない役割を果たしてきた。その役割は時代ごとに異なる。本書ではそれを概観してきたが、ここでざっとまとめてみよう。

「気配と情念の時代」は、学校などで教わる時代区分に従えば縄文時代から弥生時代のはじめごろの時代に相当しようか。水田での稲作というなりわいが西日本各地でみられるようになった時代であるが、米はまだ主食と呼べるほどの地位は築いてはいなかった。人の暮らしも稲作も、あらゆるものはまだ自然の営みの一部であった。

米と稲作の意味は、その次の「自然改造はじまりの時代」から始まるといってよい。この時代には稲作の事業が国家経営され、その産物たる米が人びとのいのちを支えるようになりはじめていた。国の制度も、米作りをもとに整備された。そしてその米で人を集め、事業を継続させるという循環が出来上がった。この時代に発達した土木技術はその後の大掛かりな土木工事の基礎となった。建造された灌漑設備は和食の基礎である「米と魚」という食の体系の礎を築いた。

第三の時代は、奈良政権が始めた「三世一身法」と「墾田永年私財法」という、土地私有を認める制度に始まる比較的長い時代である。財力のある貴族や寺院が土地を開き、富を蓄積するようになった。時代の後半は武士中心の政治が続いたが、政治的な混乱は激化し、社会も経済も停滞したかにみえる。ただし農業の分野では肥料の発明、二毛作の導入などの技術の発展がみられた。大唐米という新たな種類のイネが導入され、これらの技術体系に組み込まれて、とくに西日本で、いまにつながる米食文化を生んだ。そしてこの時代の終末期には日本列島の大半の地域が戦乱にまみれる時代となったが、米はふたたび軍事物資としての役割を高め、不動の地位を確立してゆく。

第四の時代は近世とほぼ重なる時代である。戦乱が終わると政治的な統一と安定がもたらされた。米には貨幣の役割が与えられた。米の増産が全国で進められ、新田開発や周辺施設の整備が進んだ。これらを支える石組、土木工事などの技術やその基礎となる測量、そして数学など学術文化が地方でも栄える。学術は本草学のような分野も拓き、それはやがては民間育種へとつながってゆく。米は年貢米として都市に集められ、都市では米食文化が花開く。精白技術が進んで、にぎりすし、丼などさまざまな米料理が生まれた。

第五の時代は明治政権による「富国強兵」の時代であり、米には三たび軍事物資としての役割が付加される。米増産への圧力はかつてないほどに高まり、品種改良、肥料の改良、灌漑など水まわりの改良が進んだ。とくに民間での品種改良は前時代の末から日本固有の文化ともいえるほどに栄え実を結んだ。おもには軍からの要請で米の品質の統一も進んだ。米は常に不足のまま推移し、かつ投機対象とされて価格が高騰、米騒動の原因となった。

この時代は、第二次世界大戦の敗戦という形で終結する。米はこれまでの時代とは違って、あらゆる役割をなくす時代へと進んでゆく。もっとも最初の二〇年ほどは米不足のために増産圧は高かった。農業の構造改善事業は国が国家をあげて水田稲作を支え米食を支えた、いわば最後の施策となった。米余りになると、一転、社会はうまい米を求めるようになった。消費者が、「品種」を意識するようになり、イネ品種ははじめて「米の品種」になった。

米食と稲作をめぐる地球情勢

現代日本では、人がその日食べるものなど個人が自由に決められると思っている人が多いだろう。だが、その日食べるものを自分の意思に基づいて自由に決められる人は決して多くはない。経済的な理由から、あるいは病気・アレルギーなど身体的理由から、食べたいものを食べられない人はたくさんいる。宗教上の制約から自発的に食べない選択をしたというならともかく、他の理由から食べたいものも食べられない人はこれからも増えてゆく可能性がある。好きなものを、好きなときに、好きなだけ食べられるというのは、奇跡にも近い僥倖《ぎょうこう》である。

食料品の価格は長い目でみれば今後確実に上がってゆくだろう。アジアでは、中国、インドなどの超大国の経済発展が日本の立場をおびやかしている。わが国は、かつてそうしていたような、欲しいものを世界中から買いつけてくる経済力を近い将来失うだろう。夕食に何を食べるか、その選択に迷っていられるのもいまのうちかもしれない。それればかりか、多くの国民が「飢え」を感じる時代が来ないとも限らない。地球規模での温暖化の進行もこの懸念をふくらませつつある。大量の食料を長距離にわたって運び続けることは、地球への負荷を確実に大きくしているからである。最低限必要な食料を確保するための方策――いわゆる食料安全保障――がいわれるゆえんである。

日本は、いま、「社会の縮小」という、ここ一五〇年ほどの間経験したことのない状態にある。とくに地方の衰退がはなはだしく、このままゆくと、地方の食料生産力はますます低下することは避けがたい状況にある。里の崩壊は、獣害を深刻化させているが、被害は農作物だけではなく農作業する人自体に及びつつある。人が立ち入らなくなった里山は奥山へとその姿を変えてゆく。あるいはますます遠のいてゆく。日本の昔話などには、農作業などの帰りに怪奇現象に出会った人びとの話が登場するが、そのような体験談がこれからは増えるかもしれない。

いっぽうでそうはさせじと、さまざまな動きが各地でみられる。二一世紀になって登場した人工知能（AI）、モノのインターネット（IoT）、衛星通信の技術など、現代技術の粋を凝らしたさまざまな新技術を農業分野に展開しようという動きも活発である。また、地方の生産者と都市の消費者とをつないだ新たな生産・流通のあり方を模索する動きもある。わたしたちの米食やその文化、イネと稲作はどこにゆくのだろうか。

この問いに答えを出すために、もうひとつ考えておくべきことがある。それは地球環境のゆくえである。わたしたちのこの地球は有限の星である。一九六〇年代ころまで、人類は地球が無限だと考えてきた。人口増に対しては農地の拡大で、あるいは単位面積あたりの収量増の技術を開発することで、問題を解決できると考えてきた。しかしそれがそうではなかったことに気がついたとき、人類は地球環境問題を発見することになる。レイチェル・カーソンや有吉佐和子の警告、そして二一世紀に入ってからのエコロジカル・フットプリント（Ecological Footprint）や「地球の限界（Planetary Boundaries）」という新たな指標がそれである。

問題はさらにある。それがエネルギー問題である。現代のわたしたちの食料を支えるものはエネルギー、それも石油である。わたしたちが使っている化学肥料、農薬や、IoT、野菜工場などを動かす電気、運搬のためのエネルギーはそのほとんどを石油をはじめとする化石資源によっている。もし将来、これらの供給が滞れば、いまのわたしたちの食を生産するすべての基盤は一瞬にして灰燼《かいじん》に帰する。一瞬は大げさとしても、わたしたちの食に対する考えは根底からくつがえることになる。

米が魚を作った

将来、たとえば今後一〇〇年にわたって最低限必要な食料を確保するために必要なことは何であろうか。わたしは「米と魚」を中心とした食生活の復権がその鍵を握っていると思う。「米と魚」というとき、わたしたちはしばしば、米、魚の両者を二元的に考える。しかしそれは正しくない。象徴的にいえば魚を作ったのは米である。本書の最後にこのことを書いておこう。「自然改造の時代」に、生産の面での「米と魚」の原型ができたと書いた。ここで使われた魚は淡水魚である。そしてこれ以後、日本の食文化のなかで中心にいたのは淡水魚であった。それは、生産（漁獲）や流通を示す統計資料に登場するとも限らず、日本社会がどれほど淡水魚に頼っていたかを知るよすがはない。であるから、古文書に表れる数字だけから魚資源を推し量るのは危険である。

淡水魚の生息域を提供したのは水田や灌漑施設を含めた水田の生態系であった。むろんここでいう淡水魚とは、水田の生態系にだけ適応する魚種に限られている。日本社会が海の魚を飛躍的に多く食べるようになったのは、おそらくは都市の発達以後のことであったと考えられる。海の魚をはぐくむのは、おもには陸域から提供されるミネラルである。少なくとも沿岸域に住む魚たちにとってはそうだろう。そしてそのミネラルの安定的な供給には、森や田んぼの存在が不可欠であった。そこがミネラルの供給地であり、また川の水量を安定させる陸域の保水域でもあったからだ。

ミネラルの供給者としてもうひとつ、都市の存在を忘れるわけにはゆかない。都市は人口集中地域であり、その排泄物が周辺地域の農業や水産資源を支えてきた。江戸や大坂には、その売買をする業者や専門の船舶まであったほどである。それでも、排泄物の一部は、都市部から、川を通じて海に流れ込んだことだろう。江戸前の魚も、大阪湾や瀬戸内海の魚場も、そのようにして形成されてきたものと考えられる。

日本の国土で作られた米を食べることは、水田や里の機能を守ることにつながる。それを放棄すれば、米が得られなくなるだけでなく、わたしたちは魚の資源をも失うかもしれない。里域からのミネラルを安定的に海に供給すればこそ、沿岸の魚は守られる。沿岸の魚があってこそ近海の魚がいて、そして彼らが日本近海にいるからこそ、大型の回遊魚も日本近海にめぐってくるのである。

考えてみれば、日本の社会はいつの時代もこのように米と魚をひとつのパッケージとして食べてきたのである。「民間経営の時代」までは、米は淡水魚と一緒に育ち、食べられてきた。食のパッケージは里域に出来上がっていた。「貨幣の時代」になると、米は都市に集中し、また江戸の「江戸前」のように、大都市の前の海で獲れた魚が淡水魚にとって代わった。そして一五〇〇年前に始まった「軍事物資の時代」は、肉食のウエイトが大きくなって「米と肉」のようなシステムが新たに登場した時代であった。それらは、「洋食」という概念で日本社会のなかに次第に定着し、肉と魚という対比が出来上がってゆく。そして、このパッケージが壊れたのはつい半世紀前のことにすぎない。

このように考えてみれば、日本人の食の変遷は五〇〇〇年のときを経て進行してきたグローバル化の変遷そのものである。ただし、「これからの食」を考える場合、忘れてはならないキーワードがひとつあるようにわたしには思われる。それは「地球環境」である。地球の資源は有限である。「持続可能」という語があるが、「米と魚」のシステムこそがこの国の持続可能なシステムであることは、歴史が如実に物語っているのである。とくにこれからの日本は少子高齢化と低成長、あるいは社会の縮小ということを前提にものを考えなければならない時代に差しかかっているように思われる。

わたしたちの食は、結局は、「米と魚」という、二〇〇〇年このかた進化させ続けてきたパッケージに回帰するのではないか。そうだとすれば、子どもたちには、幼いころからもっと米と魚を食べさせる努力が必要なのだと思われる。いま、全国各地の小学校などで「出汁《だし》」を体験させる授業が取り入れられている。しかし、まだ足りない。家庭における食を変えるほどの力は、まだない。嗜好性の獲得には繰り返しが必要で、とくに低学年の時代から、もっと「米と魚」の食に慣れる必要があるといわれているのである。

若い世代のなかには、米のご飯は週に一、二回という人もめずらしくない。魚は苦手という人も増えている。味覚は後天的に身につく感覚である。小さいころから魚の出汁とご飯で育つか、それともマヨネーズやケチャップなど濃い味を持ち舌にまとわりつく食感の食材で育つか、子ども時代の習慣がものをいう。食べるものを米と魚に回帰させる子ども世代への教育――食育――の果たす役割はきわめて大きい。

「米と魚」のパッケージを基盤に据える食文化は、和食文化の専売特許ではない。日本列島以外の地にも東南アジアや中国の南部沿岸部など「米と魚」を基盤に持つ食文化がある。ただし、米や魚の周辺にあるさまざまなものやその文化は少しずつ違っている。和食文化とこれらの諸文化は兄弟姉妹の関係にある。そして、グローバル化の影響を受けて、両者の境目は次第にみえなくなりつつもある。これからは、和食は、これら兄弟姉妹と手を携えながら将来の道を探ることになる。

おわりに

本書は、米やその食文化、その米を支えるイネや稲作とその文化の歴史を通観したものである。かといってわたしはそれらの歴史をひもといたつもりはない。歴史をひもとき、物語を構築するのは歴史学者の仕事で、わたしの仕事ではないからだ。わたしがやりたかったことは、その歴史を通史として描き出すことではなく、むしろ時代を重ねそれを重層的にながめることによっていまの米食や稲作が何であったかを描き出すことである。それに成功したか否かは読者の判断に委ねるとしたいと思う。

本書の取りまとめにあたり、いろいろな方がたにお世話になった。まず、京都府立大学の諫早直人さんと本庄総子さんには全体を通読いただき、貴重なご意見をいただいた。ほかにも、石川隆二（育種学、弘前大学）、石毛直道（食文化研究者、国立民族学博物館名誉教授）、稲村達也（作物学、京都大学名誉教授）、岩田一平（ジャーナリスト）、宇佐美尚穂（文化財修復）、奥村彪生（伝承料理研究家）、柏木智帆（ジャーナリスト）、上條信彦（考古学、弘前大学）、神崎宣武（神職）、佐藤雅志（遺伝生態学、東北大学）、東昇（日本近世史、京都府立大学）、平川南（歴史学、人間文化研究機構）、平塚市埋蔵文化財調査事務所、藤尾慎一郎（考古学、国立歴史民俗博物館）、プレナス米食文化研究所、槇田善衛（農業、新潟県）、美馬弘（歴史研究者）、武藤千秋（遺伝学、農業研究センター）、森枝卓士（食文化研究者、ジャーナリスト）、山下満智子（食文化研究者）などの皆さんのお力を頂戴した（敬称略）。なお、ここにはお名前を記さなかったが、ほかにもまだ多くの方がたのご協力を得たことを付記する。これらの方がたを含め、お世話になった方がたのご協力がなければ本書は世に出なかったことを書き留めておきたい。

なお、第1章の「気配と情念の時代」という名称は、竹内佐和子さん（元文部科学省顧問）、松岡正剛さん（編集工学研究所）、磯谷桂介さん（元文化庁審議官）などとの対話で出てきた名称を頂戴したものである。

歴史学など文系の学問から遺伝学など自然科学までを網羅的に扱うのはわたしの手にはあまる大作業であった。一応完成させた原稿も十分なものとはいえなかったが、その原稿の細部にまで目を通され、不足を補い、緻密な編集作業を行われた中公新書編集部の酒井孝博さんには心よりのお礼を申し上げたい。

最後になるが、日本人と稲作、米食の関係を考えるにあたり、書き残したテーマがまだ多く残されているかもしれない。それについてはわたしの力及ばざるところでお許しをいただきたいと思う。

ま学芸文庫，2016

【第5章】

（1）レイチェル・カーソン著，青樹簗一訳『沈黙の春――生と死の妙薬』新潮文庫，1974
（2）有吉佐和子『複合汚染　上・下』新潮社，1975
（3）『大日本農会報』228：7-13，1900など
（4）盛永俊太郎『日本の稲――改良小史』養賢堂，1957
（5）池隆肆『稲の銘――稲民間育種の人々』オリエンタル印刷，1974
（6）佐々木武彦「水稲「愛国」の起源をめぐる真相」『育種学研究＝Breeding research』11（1）：15-21，2009
（7）菅洋『庄内における水稲民間育種の研究』農山漁村文化協会，1990
（8）高橋萬右衛門「北海道の稲作と北大」北海道大学編著『北大百年史　通説』777-788ページ，ぎょうせい，1982
（9）松原岩五郎「貧民と食物」『最暗黒之東京』民友社，1893
（10）イザベラ・バード著，高梨健吉訳『日本奥地紀行』平凡社，1973
（11）『大日本農会報』277，1904
（12）加藤茂苞・小坂博・原史六「雑種植物の結実度より見たる稲品種の類縁に就て」『九州帝国大学農学部学芸雑誌』3（2）：132-147，1928
（13）岡田哲『とんかつの誕生――明治洋食事始め』講談社選書メチエ，2000
（14）鯖田豊之『肉食の思想――ヨーロッパ精神の再発見』中公新書，1966

【第6章】

（1）西尾敏彦『農業技術を創った人たち』家の光協会，1998
（2）藤田洋三『藁塚放浪記』石風社，2005
（3）阿古真理『うちのご飯の60年――祖母・母・娘の食卓』筑摩書房，2009

図版作成　関根美有

(11) 佐藤洋一郎編『日本のイネ品種考——木簡からDNAまで』臨川書店，2019
(12) 農山漁村文化協会『日本農書全集　19　会津農書・会津農書附録』農山漁村文化協会，1982
(13) 盛永俊太郎編『稲の日本史　上』57ページ，筑摩叢書，1969
(14) 日本農業発達史調査会編『日本農業発達史　別巻上』中央公論社，1978
(15) 石川県農林総合研究センター農業試験場「水稲・麦の生育状況と今後の対策」https://www.pref.ishikawa.lg.jp/noken/noushi/suitou/index.html
(16) 佐藤信淵『草木六部耕種法』
(17) 佐藤洋一郎編『日本のイネ品種考』
(18) 嵐嘉一『近世稲作技術史——その立地生態的解析』農山漁村文化協会，1975
(19) 周東町史編纂委員会編『周東町史』周東町，1979
(20) 佐藤洋一郎『稲のきた道』裳華房，1992
(21) 大脇正諄『最近米穀論』裳華房，1902
(22) 角田重三郎「アジアの陸稲，その分布と特性と系譜」『東南アジア研究』25(1):39-50，1987
(23) 寺島良安編『和漢三才図会』巻103，内藤書屋，1890ころ
(24) 松尾孝嶺「栽培稲に関する種生態学的研究」『農業技術研究所報告 D 生理遺伝』(3):1-111，1952
(25) 嵐嘉一「西日本——とくに九州——における近世代の長粒品種の栽培事情並びに品種生態に関する研究（1）」『農業』985:14，1967
(26) 曽槃，白尾國柱ほか編『成形図説』巻16，文化年間
(27) 明峰正夫「稲に於ける矮性の遺伝に就て」『日本学術協会報告』1，1925
(28) 岩崎灌園『本草図譜』巻40
(29) 阿部謹也・網野善彦・石井進・樺山紘一『中世の風景　上・下』中公新書，1981
(30) 川島博之『食の歴史と日本人——「もったいない」はなぜ生まれたか』102ページ，東洋経済新報社，2010
(31) 五島淑子『江戸の食に学ぶ——幕末長州藩の栄養事情』臨川書店，2015
(32) 有薗正一郎「近世後半における百姓の米の消費量とその地域性」『歴史地理学』179:43-57，1996
(33) 有本寛「発展途上経済における農産物市場と流通の改善——近代日本の米市場における米穀検査と標準化」『アジア経済』58(2):77-103，2017
(34) 江馬務・西岡虎之助・浜田義一郎監修『近世日本風俗事典』日本図書センター，2011
(35) 飯野亮一『すし 天ぷら 蕎麦 うなぎ——江戸四大名物食の誕生』ちく

(24)奥村彪生「解説」『すし・なれずし　聞き書き　ふるさとの家庭料理』農山漁村文化協会，2002
(25)国民精神文化研究所編『立入宗継文書・川端道喜文書』国民精神文化研究所，1937
(26)服部保・南山典子・澤田佳宏・黒田有寿茂「かしわもちとちまきを包む植物に関する植生学的研究」『人と自然』17巻，1-11ページ，2007
(27)野本寛一「標高差の民族」『野本寛一著作集V　民俗誌・海山の間』岩田書院，2017
(28)原田信男『日本の食はどう変わってきたか——神の食事から魚肉ソーセージまで』角川選書，2013，『歴史のなかの米と肉——食物と天皇・差別』平凡社ライブラリー，2005など
(29)松尾容孝「焼畑，狩猟，信仰からみた米良地域の生活——既存研究の整理と西米良村歴史民俗資料館展示資料による検討」『専修大学人文科学研究所月報』277:19-60，2015
(30)母利司朗「食の原風景——畠と畑の文字世界」『京都府立大学学術報告・人文』71:241-250，2019
(31)上田純一編『京料理の文化史』思文閣出版，2017
(32)神崎宣武『しきたりの日本文化』角川ソフィア文庫，2008

【第4章】
(1)千葉県立大利根博物館編『水郷——水のさとに生きる』2004
(2)信濃川大河津防災センターのホームページによる
(3)富山和子・長町博「ため池文化《香川》融通の智恵　平成6年大干ばつ　何が都市を救ったか」ミツカン水の文化センター『水の文化』創刊号，1999
(4)加納義彦「溜池における生態系の維持と環境保全——伝統的な溜池浄化システム“ドビ流し”に代わる太陽電池を利用した水浄化循環システムの溜池生態系に及ぼす効果」『大阪経済法科大学科学技術研究所紀要』第8巻第1号，2003
(5)富山和子『日本の米——環境と文化はかく作られた』中公新書，1993
(6)菅谷文則「滋賀県立大学最終講義　シルクロード文化を支えたソグド人」『人間文化——滋賀県立大学人間文化学部研究報告』23:72-81，2008
(7)松本清張『火の路　上・下』文藝春秋，1975
(8)松本清張『ペルセポリスから飛鳥へ——清張古代史をゆく』日本放送出版協会，1979
(9)富山和子『日本の米』94-95ページ
(10)神田リエ「山形県の魚つき保安林の歴史と現状」『海岸林学会誌』5:13-18，2005

【第３章】
(１)安藤広太郎『日本古代稲作史雑考』地球出版，1951
(２)宇野隆夫『荘園の考古学』青木書店，2001
(３)金田章裕「古代・中世における水田景観の形成」渡部忠世責任編集『稲のアジア史　第３巻　アジアの中の日本稲作文化――受容と成熟』小学館，1987
(４)服部英雄「カタアラシの語義と二毛作の起源」『歴史を読み解く――さまざまな史料と視覚』青史出版，2003
(５)伊藤寿和「近江国の「野洲渡の片荒し」の和歌と「アラシ」農法に関する再検討」『日本女子大学紀要　文学部』65：87-99，2015
(６)福嶋紀子『赤米のたどった道――もうひとつの日本のコメ』吉川弘文館，2016
(７)磯貝富士男『中世の農業と気候――水田二毛作の展開』吉川弘文館，2002
(８)福嶋紀子『赤米のたどった道』
(９)磯貝富士男『中世の農業と気候』
(10)『７訂日本食品標準成分表』による
(11)盛永俊太郎編『稲の日本史　上』99ページ，筑摩叢書，1969
(12)Chang, T. T., The origin, evolution, cultivation, dissemination and diversification of Asian and African rices, *Euphytica* 25：425-441, 1976
(13)嵐嘉一「西日本――とくに九州――における近世代の長粒品種の栽培事情並びに品種生態に関する研究（１）」『農業』985：14，1967
(14)嵐嘉一『日本赤米考』雄山閣出版，1974
(15)伊藤信博「『酒飯論絵巻』に描かれる食物について――第三段，好飯の住房を中心に」名古屋大学大学院国際言語文化研究科編『言語文化論集』32(２)：63-75，2011
(16)土屋又三郎『日本農書全集　第26巻　農業図絵』農山漁村文化協会，1983
(17)平川南「古代の種子札に記載された品種名の多様性と変遷」佐藤洋一郎編『日本のイネ品種考――木簡からDNAまで』臨川書店，2019
(18)関根真隆『奈良朝食生活の研究』吉川弘文館，1969
(19)小和田哲男『戦国の合戦』学研新書，2008
(20)永原慶二『戦国時代――16世紀，日本はどう変わったのか　上』小学館ライブラリー，2000
(21)平川南「古代の種子札に記載された品種名の多様性と変遷」佐藤洋一郎編『日本のイネ品種考』
(22)福嶋紀子『赤米のたどった道』
(23)橋本道範編著『再考ふなずしの歴史』サンライズ出版，2016

2014
(19)稲村達也・墨川明徳・岡田憲一・岡見知紀・絹畠歩・菅谷文則「X線CT計測による弥生時代前期出土米の脱粒性の評価」『作物研究』61：27-31, 2016
(20)Kato, S., *On the affinity of the cultivated varieties of rice plants, Oryza sativa* L., 1930
(21)加藤茂苞・小坂博・原史六「雑種植物の結実度より見たる稲品種の類縁に就て」『九州帝国大学農学部学芸雑誌』3(2)：132-147, 1928
(22)Oka, H.-I., Interval variation and classification of cultivated rice, *Indian J. Genet. Pl. Breed.* 18：79-89, 1958
(23)佐藤洋一郎『稲のきた道』裳華房, 1992
(24)宇田津徹朗「出土するプラント・オパールの形状からみた多様性」佐藤洋一郎編『日本のイネ品種考——木簡からDNAまで』臨川書店, 2019
(25)佐藤洋一郎『稲のきた道』
(26)同上

【第2章】
(1)オギュスタン・ベルク『北海道の大地——文化地理学の研究 Les grandes terres de Hokkaidô. Étude de géographie culturelle』
(2)佐藤洋一郎「日本におけるイネの起源と伝播に関する一考察——遺伝学の立場から」『考古学と自然科学』22：1-11, 1990
(3)佐藤常雄『近世稲作種論と稲作生産力の展開』学習院大学東洋文化研究所, 1980
(4)江上波夫『騎馬民族国家——日本古代史へのアプローチ』中公新書, 1967
(5)広瀬和雄「古墳時代像再構築のための考察——前方後円墳時代は律令国家の前史か」『国立歴史民俗博物館研究報告』150：33-147, 2009
(6)杉山正明『遊牧民から見た世界史 増補版』日経ビジネス人文庫, 2011
(7)和辻哲郎『風土——人間学的考察』岩波書店, 1935
(8)佐藤洋一郎『食の人類史——ユーラシアの狩猟・採集, 農耕, 遊牧』中公新書, 2016
(9)大庭重信「渡来人と麦作」大阪大学考古学研究室編『待兼山考古学論集2—大阪大学考古学研究室20周年記念論集』2010
(10)Muto, C., Kawano, K., Bounphanousay, C., Tanisaka, T., Sato, Y., Variation and dispersal of landraces in northern Laos based on the differentiation of waxy gene in rice (*O. sativa* L.), *Tropics*. 18(4)：201-209, 2009
(11)平川南「古代の種子札に記載された品種名の多様性と変遷」佐藤洋一郎編『日本のイネ品種考——木簡からDNAまで』臨川書店, 2019

注

【はじめに】
(1)渡部忠世『日本のコメはどこから来たのか』PHP 研究所，1990

【第1章】
(1)コリン・タッジ著，竹内久美子訳『農業は人類の原罪である』新潮社，2002
(2)小畑弘己『タネをまく縄文人――最新科学が覆す農耕の起源』吉川弘文館，2016
(3)国立歴史民俗博物館「弥生時代の実年代」『国立歴史民俗博物館国際研究集会2003　資料集』2003
(4)岡彦一「栽培稲の系統発生的分化　3・4」『育種学雑誌』4:92-110，1954
(5)加藤秀俊・川添登・小松左京監修，大林組編著『復元と構想――歴史から未来へ』東京書籍，1986
(6)静岡県埋蔵文化財センター『「有東遺跡」第22次発掘調査報告書』36ページ，2012
(7)中尾佐助『中尾佐助著作集　第1巻　農耕の起源と栽培植物』北海道大学図書刊行会，2004
(8)能登健「黒井峯遺跡にみる古墳時代集落の様相」『展望日本歴史　4　大和王権』東京堂出版，2000
(9)能登健「古墳時代の農業」広瀬和雄・和田晴吾編『講座日本の考古学　8　古墳時代　下』3-33ページ，青木書店，2012
(10)佐藤敏也『日本の古代米』雄山閣出版，1971
(11)和佐野喜久雄「炭化米の粒形質の変異分布と古代日本稲作の起源」日本考古学協会編『日本考古学』28:23-40，2009
(12)上條信彦「弥生時代開始期における出土米の形質変異」『考古学ジャーナル　特集　弥生時代の始まり』729:20-23，2019
(13)Waddington, C. H., *The Strategy of the Genes*, London: George Allen & Unwin, 1957
(14)佐藤洋一郎『DNA 考古学』東洋書店，1999
(15)佐藤洋一郎『稲と米の民族誌――アジアの稲作景観を歩く』日本放送出版協会，2016
(16)寺沢薫『王権誕生（日本の歴史　第2巻）』講談社，2000
(17)渡辺昌宏「煮炊きの道具が語る調理の変化」金関恕監修，大阪府立弥生文化博物館編『卑弥呼の食卓』44-49ページ，吉川弘文館，1999
(18)横浜市歴史博物館編『大おにぎり展　出土資料からみた穀物の歴史』

佐藤洋一郎（さとう・よういちろう）

1952年，和歌山県生まれ．1979年，京都大学大学院農学研究科修士課程修了．高知大学農学部助手，国立遺伝学研究所研究員，静岡大学農学部助教授，総合地球環境学研究所教授・副所長，大学共同利用機関法人人間文化研究機構理事等を経て，現在，京都府立大学特別専任教授．農学博士．第９回松下幸之助花と緑の博覧会記念奨励賞（2001），第７回ＮＨＫ静岡放送局「あけぼの賞」（2001），第17回濱田青陵賞（2004）受賞．

著書『日本のイネ品種考』（編，臨川書店，2019）
『食の人類史』（中公新書，2016）
『稲と米の民族誌』（NHK ブックス，2016）
『イネの歴史』（京都大学学術出版会，2008）
『イネが語る日本と中国』（農山漁村文化協会，2003）
『イネの文明』（PHP 新書，2003）
『稲の日本史』（角川選書，2002．角川ソフィア文庫，2018）
『稲のきた道』（裳華房，1992）ほか多数

米《こめ》の日本史《にほんし》
中公新書 *2579*

2020年２月25日発行

著　者　佐藤洋一郎
発行者　松田陽三

本文印刷　三晃印刷
カバー印刷　大熊整美堂
製　　本　小泉製本

発行所　中央公論新社
〒100-8152
東京都千代田区大手町 1-7-1
電話　販売　03-5299-1730
　　　編集　03-5299-1830
URL http://www.chuko.co.jp/

Published by CHUOKORON-SHINSHA，INC.
Printed in Japan　ISBN978-4-12-102579-1 C1221

中公新書

日本史

d1

2189 歴史の愉しみ方　磯田道史
2455 日本史の内幕　磯田道史
2295 天災から日本史を読みなおす　磯田道史
2389 通貨の日本史　高木久史
2321 道路の日本史　武部健一
2494 温泉の日本史　石川理夫
2299 日本史の森をゆく　東京大学史料編纂所編
2500 日本史の論点　中公新書編集部編
1617 歴代天皇総覧　笠原英彦
2302 日本人にとって聖なるものとは何か　上野誠
1928 物語 京都の歴史　脇田修・脇田晴子
2345 京都の神社と祭り　本多健一
482 倭国　岡田英弘
147 騎馬民族国家（改版）　江上波夫
2164 魏志倭人伝の謎を解く　渡邉義浩

1085 古代朝鮮と倭族　鳥越憲三郎
2533 古代日中関係史　河上麻由子
2470 倭の五王　河内春人
2462 大嘗祭―天皇制と日本文化の源流　工藤隆
1878 古事記の起源　工藤隆
2095 『古事記』神話の謎を解く　西條勉
804 蝦夷《えみし》　高橋崇
1041 蝦夷《えみし》の末裔　高橋崇
1622 奥州藤原氏　高橋崇
1293 壬申の乱　遠山美都男
1568 天皇誕生　遠山美都男
1779 伊勢神宮―東アジアのアマテラス　千田稔
2371 カラー版 古代飛鳥を歩く　千田稔
2168 飛鳥の木簡―古代史の新たな解明　市大樹
2353 蘇我氏―古代豪族の興亡　倉本一宏
2464 藤原氏―権力中枢の一族　倉本一宏
291 神々の体系　上山春平

2362 六国史《りっこくし》―日本書紀に始まる古代の「正史」　遠藤慶太
1502 日本書紀の謎を解く　森博達
2563 持統天皇　瀧浪貞子
2457 光明皇后　瀧浪貞子
1967 正倉院　杉本一樹
2054 正倉院文書の世界　丸山裕美子
2452 斎宮―伊勢斎王たちの生きた古代史　榎村寛之
2441 大伴家持　藤井一二
2510 公卿《くぎょう》会議―論戦する宮廷貴族たち　美川圭
1867 院政　美川圭
2536 天皇の装束　近藤好和
2559 菅原道真　滝川幸司
2281 怨霊とは何か　山田雄司
2127 河内源氏　元木泰雄
2573 公家源氏―王権を支えた名族　倉本一宏
2579 米の日本史　佐藤洋一郎